"十三五"国家重点出版物出版规划项目
装配式混凝土建筑基础理论及关键技术丛书

装配式混凝土建筑施工技术

主　编　黄延铮　魏金桥
副主编　赵　山　孙耀乾　王　军

U0268937

黄河水利出版社
·郑　州·

内 容 提 要

本书是"十三五"国家重点出版物出版规划项目——装配式混凝土建筑基础理论及关键技术丛书系列之一,主要内容包括装配式混凝土建筑的施工组织与管理、施工技术和应用方面的知识。全书共分为8章,包括绪论、装配式混凝土结构施工组织与管理、装配式混凝土结构体系施工关键技术、装配式混凝土结构机电与内装施工、装配式混凝土结构施工配套工装系统的应用、装配式混凝土结构施工信息化应用技术、装配式混凝土结构施工质量检验与验收、装配式混凝土结构工程案例。

本书可作为勘察、设计、施工等领域的工程技术人员继续教育培训用书,也可作为高等院校土木工程专业教材。

图书在版编目(CIP)数据

装配式混凝土建筑施工技术/黄延铮,魏金桥主编. —郑州:黄河水利出版社,2017.12
(装配式混凝土建筑基础理论及关键技术丛书)
"十三五"国家重点出版物出版规划项目
ISBN 978-7-5509-1948-8

Ⅰ.①装… Ⅱ.①黄…②魏… Ⅲ.①装配式混凝土结构-混凝土施工 Ⅳ.①TU755

中国版本图书馆 CIP 数据核字(2017)第 331341 号

策划编辑:谌莉 电话:0371-66025355 E-mail:113792756@qq.com

出 版 社:黄河水利出版社
　　　　　地址:河南省郑州市顺河路黄委会综合楼14层 邮政编码:450003
发行单位:黄河水利出版社
　　　　　发行部电话:0371-66026940、66020550、66028024、66022620(传真)
　　　　　E-mail:hhslcbs@126.com
承印单位:河南承创印务有限公司
开本:787 mm×1 092 mm 1/16
印张:16.25
字数:395 千字　　　　　　　　　　印数:1—4 000
版次:2017 年 12 月第 1 版　　　　印次:2017 年 12 月第 1 次印刷
定价:58.00 元

序

党的十八大强调，"坚持走中国特色新型工业化、信息化、城镇化、农业现代化道路。"十八大以来，习近平总书记多次发表重要讲话，为如何处理新"四化"关系、推进新"四化"同步发展指明了方向。推进新型工业化、信息化、城镇化和农业现代化同步发展是新阶段我国经济发展理念的重大转变，对于我们适应和引领经济新常态，推进供给侧结构性改革，切实转变经济发展方式具有重大战略意义，是建设中国特色社会主义的重大理论创新和实践创新。

在城镇化发展方面着力推进绿色发展、循环发展、低碳发展，尽可能减少对自然的干扰和损害，节约集约利用土地、水、能源等资源。2016年印发了《国务院办公厅关于大力发展装配式建筑的指导意见》，明确要求因地制宜发展装配式混凝土结构、钢结构和现代木结构等装配式建筑。力争用10年左右的时间，使装配式建筑占新建建筑面积的比例达到30%。住房和城乡建设部又先后印发了《"十三五"装配式建筑行动方案》《装配式建筑示范城市管理办法》《装配式建筑产业基地管理办法》等文件，全国部分省、自治区和直辖市也印发了各省（区、市）装配式建筑发展的实施意见，大力发展装配式建筑是促进建筑业转型升级、实现建筑产业现代化的需要。

发展装配式建筑本身是一个系统性工程，从开发、设计、生产、施工到运营管理整个产业链必须是完整的。企业从人才、管理、技术等各个方面都提出了新的要求。目前，装配式建筑专业人才不足是装配式建筑发展的重要制约因素之一，相关从业人员的安全意识、质量意识、精细化意识与实际要求存在较大差距。全面提升装配式建筑质量和建造效率，大力推行专业人才队伍建设已刻不容缓。这就要求我们必须建立装配式建筑全产业链的人才培养体系，须对每个阶段各个岗位的技术、管理人员进行专业理论与技术培训；同时，建筑类高等院校在专业开设方面应向装配式建筑方向倾斜；鼓励社会机构开展装配式建筑人才培训，支持有条件的企业建立装配式建筑人才培养基地，为装配式建筑健康发展提供人才保障。

近年来，在国家政策的引导下，部分科研院校、企业、行业团体纷纷进行装配式建筑技术和人才培养研究，并取得了丰硕成果。此次由河南省建设教育协会组织相关单位编写的装配式混凝土建筑基础理论及关键技术丛书就是在此背景下应运而生的成果之一。依托中国建筑第七工程局有限公司等单位在装配式建筑领域20余年所积蓄的科研、生产和装配施工经验，整合国内外装配式建筑相关技术，与高等院校进行跨领域合作，内容涉及装配式建筑的理论研究、结构设计、施工技术、工程造价等各个专业，既有理论研究又有实际案例，数据翔实、内容丰富、技术路线先进，人工智能、物联网等先进技术的应用更体现了多学科的交叉融合。本丛书是作者团队长期从事装配式建筑研究与实践的最新成果展示，具有很高的理论与实际指导价值。我相信，阅读此书将使众多建筑从业人员在装配式建筑知识方面有所受益。尤其是，该丛书被列为"十三五"国家重点出版物出版规划项目，说明我们工作方向正确，成果获得了国家认可。本丛书的发行也是中国建设教育协会在装配式建筑人才培养实施计划的一部分工作，为协会后续开展大规模装配式建筑人才培养做了先期探索。

期待丛书能够得到广大建筑行业从业人员，建筑类院校的教师、学生的关注和欢迎，在分享本丛书提供的宝贵经验和研究成果的同时,也对其中的不足提出批评和建议,以利于编写人员认真研究与采纳。同时,希望通过大家的共同努力,为促进建筑行业转型升级,推动装配式建筑的快速健康发展做出应有的贡献。

中国建设教育协会

二零一七年十月于北京

前　言

　　建筑行业是我国国民经济的支柱产业,对我国经济的发展有着举足轻重的作用。但随着能源紧缺、节能环保、劳动力短缺等问题的凸显,建筑业发展遇到了很大挑战。在此背景下,发展装配式建筑、推动建筑产业化是解决目前制约建筑业发展问题,实现建筑业可持续发展的有效途径。

　　装配式混凝土建筑基础理论及关键技术丛书编写委员会,结合国家大力倡导发展装配式建筑的需要,制定了《装配式混凝土建筑施工技术》编写规划,确定了中国建筑第七工程局有限公司为主编单位,有关高等院校为参编单位。2017 年 4 月,中国建筑第七工程局有限公司提出了编写大纲,参加编写的 9 所院校齐聚郑州,共同商讨了《装配式混凝土建筑施工技术》一书的编写方案和原则,并进行了分工。

　　装配式混凝土建筑施工技术在近几年的实践过程中不断完善和发展,本书融合了最新的技术成果和实践经验,其主要内容包括装配式混凝土建筑的施工组织与管理、施工技术和应用方面的知识,具有全面系统性、科学先进性、直观实用性的特点。本书可作为勘察、设计、施工等领域的工程技术人员继续教育培训用书,也可作为高等院校土木工程专业教材。

　　本书由黄延铮、魏金桥担任主编,赵山、孙耀乾和王军担任副主编。其他参编人员有石啸威、曹江涛、陈璐、柳天杰、姚艳红、卫国芳、程建华、郭平功、曹磊、韩梅。在本书的编写和出版过程中,中建科技集团有限公司毫不保留地奉献了自己的理论和实践成果,"十三五"国家重点研发计划项目"装配式混凝土工业化建筑高效施工关键技术研究与示范"(项目编号:2016YFC0701700)也为本书提供了最新研究成果,同时还得到了参编单位和有关领导的大力支持和帮助,在此表示衷心的感谢。

　　由于编者的水平有限和时间仓促,加之装配式混凝土建筑施工技术的不断发展,书中的缺点和错误在所难免,敬请各位读者批评指正。

作　者

2017 年 10 月

目　录

第1章 绪 论

建筑行业是我国国民经济的支柱产业,对我国经济的发展有着举足轻重的作用。"十二五"时期,我国GDP年均增长8%,建筑行业的增长同GDP的增长保持高度的相关性。随着我国经济的持续增长,建筑行业的市场总趋势不会有太大的改变,仍将继续大幅度发展。

但随着能源紧缺、节能环保、劳动力短缺等问题的凸显,建筑业发展遇到了很大挑战。原来建立在我国劳动力价格相对低廉基础上的建筑行业,正在面临劳动力成本不断上升的困境。开发商对工期的要求越来越短,老百姓对工程建设质量的要求越来越高。劳动力不足,赶工期要求压力越来越大,管理难度加大,工期不可控性加大,建筑行业投资周期延长,成本升高,利润降低,这些因素逐渐成为制约建筑业进一步发展的瓶颈。在面临急剧增加的建设需求与高昂并持续上涨的劳动力成本问题时,政府和企业都不得不选择改善劳动工具、改变劳动方式,依靠机械化和自动化水平来提高效率。而建筑工业化模式正是有效解决劳动力不足这一制约建筑业持续发展的手段之一。

近年来,国家对装配式住宅的政策导向和优惠政策陆续出台,住宅产业化经过了一个惊人的发展过程,现在正处在一个重要的转型发展阶段。混凝土装配式住宅,由于其符合国家的政策导向,功能分区较合理,结构合理,体型简单,户型对称,平面布局便于墙板优化,装配程度较高,能大规模复制,符合装配式生产模式。同时,在结构抗震受力体系中,能够满足预制构件和现浇构件协同受力,满足装配式预制剪力墙结构体系要求,所以能得到飞速发展。近三年来,以万科等为代表的房地产开发商,大力推广混凝土装配式住宅,竣工和在施面积达100多万 m^2。随着城市建设节能减排、可持续发展等环保政策的逐步明朗,装配式钢筋混凝土结构建筑,迎来了可以健康发展的新机遇,装配式建筑将成为我国房屋建设的必然趋势。

混凝土装配式住宅的工业化,主要是改变建筑住宅原有的生产模式,实现设计标准化、生产机械规模化、施工专业化、管理集约化。建筑工业化模式下,首先应强调设计标准化的特点,建筑部品的生产要机械化,通过先进的生产设备,解决人工生产技术水平低下、工艺落后等问题,减少建筑部品生产对劳动力的依赖。其次要求建筑部品生产的规模化,要实现定型建筑部品在各项目间通用,实现建筑部品的长期、持续、循环使用,才能通过规模化生产效应逐渐降低生产成本。

建筑工业化模式下的施工虽然减少了对劳务工人的过度依赖,但对先进的施工技术、技术稳定而娴熟的产业化安装工人和先进的施工机械及工具的依赖程度也日益增加。建筑工业化模式下的项目管理,具有非常强的计划性,合理施工组织策划是建筑工业化模式的核心。以北京市为例,目前装配式住宅装配化率仅达到35%,且没有装配式住宅成熟的施工经验和施工技术,没有配套的产业化工人,甚至没有与之匹配的合同承包模式,在这样的情况下,装配式住宅的优势不够明显,尤其其施工工序增加导致了结构工期较传统现浇结构住宅工期有了明显延长,而装配式住宅使得装饰工期缩短、装饰作业提前插入而带来的宏观工期缩短的效益却不容易被发现,相反更容易被认为具有增加结构施工难度、拖延结构工期等问题。这也是目前装配式住宅装配化率水平低下所导致的必然结果。但随着住宅装配化率逐步提高、施工组织经验进一步积累、产业化工人及相关行业逐步成熟、承包模式的进一步完善,装配式住宅的施工组织必将发生根本变化,装配式住宅终将成为住宅产业的主流。

1.1 国内外装配式混凝土建筑施工技术的发展与现状

装配式住宅在西方发达国家已有半个世纪以上的发展历史,形成了各有特色和比较成熟的产业与技术。装配式住宅在国内虽然起步较早,但早期的预制混凝土结构也仅限于盒子式结构建筑、内浇外挂式等简单的结构形式,还没有形成一个完整、配套的工业生产系统,施工技术远远满足不了住宅产业化生产需求。

1.1.1 国外装配式混凝土建筑施工技术的发展与现状

20世纪中期,欧洲由于受第二次世界大战的影响,建筑受损严重,人们对建筑的需求量非常大。为解决房荒问题,欧洲一些国家采用了工业化方式建造了大量住宅,工业化住宅逐渐发展成熟,并延续至今。

预制装配式混凝土施工技术最早起源于英国,Lascell提出了是否可以在结构承重的骨架上安装预制混凝土墙板的构想,可以用于别墅和住宅结构。1875年英国的首项装配式技术专利,1920年美国的预制砖工法、混凝土"阿利制法"(Earley Process)等,这些都是早期的预制构件施工技术,这些预制装配式施工技术主要应用于建筑中的非结构构件,比如用人造石代替天然的石材或砖瓦陶瓷材料等。由于这一技术采用的是工业化的生产模式,受到现代工业社会的青睐。此后,受到第二次世界大战的影响,人力减少,这一工业化的生产结构更加受欢迎,应用在了住宅、办公楼、公共建筑中。20世纪50年代,欧洲一些国家采用装配式方式建造了大量住宅,形成了一批完整的、标准的、系列化的住宅体系,并在标准设计的基础上生成了大量工法,并延续至今。相比于早期的结构,当代的预制全装配式混凝土技术主要有以下的特点:首先,主要应用于结构构件;其次,经常与预应力技术结合使用;再次,普遍使用高强度的材料,如高强钢筋等;最后,生产越来越标准化、模块化。1955年设立了"日本住宅公团",以它为主导,开始向社会大规模提供住宅。2000年以后,全日本装配式住宅真正得到大面积的推广和应用,施工技术也逐步得到优化和发展。

从1960年初开始,到1973年第一次石油危机结束,期间装配式施工技术也有了一定的积累,各国在标准设计基础上逐步形成了装配式大板施工工法。1970年以后,装配式住宅施工技术逐步发展和丰富,在世界各地形成了具有地域特色的施工技术,施工技术也日趋完善。

1.1.2 国内装配式混凝土建筑施工技术的发展与现状

我国建筑工业化模式应用起于20世纪50年代,借鉴苏联的经验,在全国建筑生产企业推行标准化、工厂化和机械化,发展预制构件和预制装配建筑。从20世纪60年代初到80

年代中期,预制混凝土构件生产经历了研究、快速发展、使用、发展停滞等阶段。20 世纪 80 年代初期,建筑业曾经开发了一系列新工艺,如大板、升板体系、南斯拉夫体系、预制装配式框架体系等,但在进行实践之后,均没有大规模地推广。20 世纪 90 年代后期,住宅产业化迈向了一个新的阶段,国家相继出台了诸多重要的法规政策,并通过各种必要的机制和措施,推动了住宅领域的生产方式的转变。近年来,在国家政策的引导下,一大批施工工法、质量验收体系陆续在工程中实践,装配式建筑的施工技术越来越成熟。

装配式混凝土结构符合国内建筑业的发展趋势,随着建筑工业化和产业化进程的推进,预制构件的装配率会越来越高,但在施工方面,装配式混凝土结构还应进一步提高生产技术、施工工艺、吊装技术、支撑体系、施工集成管理等,形成装配式混凝土结构的成套技术措施和工艺,为装配式混凝土结构的发展提供技术支持。在施工实践中,装配式混凝土结构的设计技术、构件拆分与模数协调、节点构造与连接处理吊装与安装、灌浆工艺及质量评定、预制构件标准化及集成化技术、模具及构件生产、BIM 技术的应用等还存在标准、规程不完善或技术实践空白,在这些方面尚需进一步加大产、学、研的合作,促进装配式结构的发展。

1.2　装配式混凝土建筑的发展意义和展望

1.2.1　装配式混凝土建筑的发展意义

(1)提高工程质量和施工效率。通过标准化设计、工厂化生产、装配化施工,减少了人工操作,降低了劳动强度,确保了构件质量和施工质量,从而提高了工程质量和施工效率。

(2)减少资源、能源消耗,减少建筑垃圾,保护环境。由于实现了构件生产工厂化,材料和能源消耗均处于可控状态,建设阶段消耗建筑材料和电力减少,施工扬尘和建筑垃圾大大减少。

(3)缩短工期,提高劳动生产率。由于构件生产和现场建造在两地同步进行,建造、装修和设备安装一次完成,相比传统建造方式大大缩短了工期,能够适应目前我国大规模的城市化进程。

(4)转变建筑工人身份,促进社会稳定、和谐。现代建筑产业减少了施工现场临时工的用工数量,并使其一部分人进入工厂,变为产业工人,助推城镇化发展。

(5)减少施工事故。与传统建筑相比,产业化建筑建造周期短、工序少、现场工人需求量小,可进一步降低发生施工事故的概率。

(6)施工受气象因素影响小。产业化建造方式大部分构配件在工厂生产,现场基本为装配作业,且施工工期短,受降雨、大风、冰雪等气象因素的影响较小。

(7)随着新型城镇化的稳步推进,人民生活水平不断提高,全社会对建筑品质的要求越来越高。与此同时,能源和环境压力逐渐加大,建筑行业竞争加剧。建筑产业现代化推动建筑业产业升级和发展方式转变,促进节能减排和民生改善,推动城乡建设走上绿色、循环、低碳的科学发展轨道,实现经济社会全面、协调、可持续发展,不仅意义重大,更迫在眉睫。

1.2.2　装配式混凝土建筑的发展展望

我国在装配式结构的研究上已取得一些成果,许多高校和企业为装配式结构的推广做出了贡献,清华大学、同济大学等高校均进行了装配式框架结构的相关构造研究。在中建七局、新蒲远大等企业的大力推动下,装配式结构也得到了一定的推广应用。我国装配式结构未来的发展主要体现在以下几个方面:

(1)装配整体式混凝土结构在国内研究应用的较少,也很少有完整的施工图,国内仅有少量的设计院能够做装配式混凝土框架结构的设计,设计技术人员缺少,使之难以推广。我国应根据国家出台的相关规范,运用新的构造措施和施工工艺形成一个系统,以支撑装配式结构在全国范围内的广泛应用。

(2)目前,我国的工业化建筑体系处在专用体系的阶段,仍未达到通用体系的水平。只有实现在模数化规则下的设计标准化,才能实现构件通用化,有利于提高生产效率和质量,有助于住宅部品的推广应用。

实现建筑与部品模数协调、部品之间的模数协调、部品的集成化和工业化生产、土建与装修的一体化,才能实现装修一次性到位,达到加快施工速度,减少建筑垃圾,实现可持续发展的目标。

(3)装配式结构在我国发展存在间断期,使得掌握这项技术的人才也产生了断代,且随着抗震要求的不断提高,混凝土结构的设计难度也更大了。我们应提高装配式结构的整体性能和抗震性能,使人们对装配式结构的认识不只停留在现浇结构上,积极推广装配整体式混凝土结构,推进应用具有可改造性的长寿命 SI 住宅。

(4)装配整体式混凝土结构预制构件间的连接技术在保证整体结构安全性、整体性的前提下,尽量简化连接构造,降低施工中不确定性对结构性能的影响。目前,我国预制构件的连接方法主要采用套筒灌浆和浆锚连接两种,开展工艺简单、性能可靠的新型连接方式是装配整体式混凝土结构发展的需要。

(5)我国建筑预制构件和部品生产单位水平参差不齐,所生产的产品良莠不一。目前,我国缺乏专门部门对其进行相关认定。这既不利于保证部品及构件的质量,也不利于企业之间展开充分竞争。我国可以学习日本"BL"制度经验,建立优良住宅部品认定制度,形成住宅部品优胜劣汰的机制,建立这项权威制度,是推动住宅产业和住宅部品发展的一项重要措施。

(6)目前,我国装配整体式混凝土结构处于发展初期,设计、施工、构件生产、思想观念等方面都在从现浇向预制装配转型。这一时期宜推广样板工程,以严格技术要求进行控制,样板先行再大量推广。应关注新型结构体系带来的外墙拼缝渗水、填缝材料耐久性、叠合板板底裂缝等非结构安全问题,总结经验,解决新体系下的质量常见问题。

第2章　装配式混凝土结构施工组织与管理

2.1　施工组织设计

2.1.1　总则

2.1.1.1　编制原则

工程施工组织设计应具有真实的预见性,能够客观反映实际情况,其应涵盖项目的施工全过程,做到技术先进、部署合理、工艺成熟,针对性、指导性、可操作性强。

2.1.1.2　编制依据

(1)施工组织设计应遵循与工程建筑有关的法律法规文件和现行的规范标准。

(2)施工组织设计应仔细阅读工程设计文件及工程施工合同,理解把握工程特点、图纸及合同所要求的建筑功能、结构性能、质量要求等内容。

(3)施工组织设计应结合工程现场条件,工程地质及水文地质、气象等自然条件。

(4)施工组织设计应结合企业自身生产能力、技术水平及装配式建筑构件生产、运输、吊装等工艺要求,制定工程主要施工办法及总体目标。

2.1.2　主要编制内容

根据国家《建筑施工组织设计规范》(GB/T 50502—2009)要求,装配式建筑施工组织设计的主要内容包括:

(1)编制说明及依据。依据的文件名称,包括合同、工程地质勘察报告、经审批的施工图、主要的现行适用的国家和地方规范、标准等。

(2)工程概况。工程建设概况、设计概况、施工范围、构件生产厂及现场条件、工程施工特点及重点难点,应对工程所采用的装配式混凝土剪力墙体系、预制率、构件种类数量、重量及分布进行详细分析,同时针对工程重点难点提出解决措施。

(3)施工目标。工程的工期、质量、安全生产、文明施工和职业健康安全管理、科技进步和创优目标、服务目标,对各项目标进行内部责任分解。

(4)施工组织与部署。以图表等形式列出项目管理组织机构图并说明项目管理模式、项目管理人员配备及职责分工、项目劳务队安排;概述工程施工区段的划分、施工顺序、施工任务划分、主要施工技术措施等。在施工部署中应明确装配式工程的总体施工流程、预制构件生产运输流程、标准层施工流程等工作部署,充分考虑现浇结构施工与PC构件(混凝土预制构件,下同)吊装作业的交叉,明确两者工序穿插顺序,明确作业界面划分。在施工部署过程中还应综合考虑构件数量、吊重、工期等因素,明确起重设备和主要施工方法,尽可能做到区段流水作业,提高工效。

(5)施工准备。概述施工准备工作组织及时间安排、技术准备、资源准备、现场准备等。技术准备包括规范标准准备、图纸会审及构件拆分准备、施工过程设计与开发、检验批的划分、配合比设计、定位桩接收和复核、施工方案编制计划等。

资源准备包括机械设备、劳动力、工程用材、周转材料、PC构件、试验与计量器具及其他施工设施的需求计划、资源组织等。

现场准备包括现场准备任务安排、现场准备内容的说明,包括四通一平、堆场道路、办公场所完成计划等。

(6)施工进度计划。根据工程工期要求,说明总工期安排、节点工期要求,编制出施工总进度计划、单位工程施工进度计划及阶段进度计划,并具体阐述各级进度计划的保证措施。装配式建筑施工进度计划应综合考虑PC构件深化设计及生产运输所需时间,制订构件生产供应计划、预制构件吊装计划。

(7)施工总平面布置。结合工程实际,说明总平面图编制的约束条件,分阶段说明现场平面布置图的内容,并阐述施工现场平面布置管理内容。在施工现场平面布置策划中,除需要考虑生活办公设施、施工便道、堆场等临建布置外,还应根据工程预制构件种类、数量、最大重量、位置等因素结合工程运输条件,设置构件专用堆场及道路;PC构件堆场设置需满足预制构件堆载重量、堆放数量,结合方便施工、垂直运输设备吊运半径及吊重等条件进行设置,构件运输道路设置应能够满足构件运输车辆载重、转弯半径、车辆交汇等要求。

(8)施工技术方案。根据施工组织与部署中所采取的技术方案,对本工程的施工技术进行相应的叙述,并对施工技术的组织措施及其实施、检查改进、实施责任划分进行叙述。在装配式建筑施工组织设计技术方案中,除包含传统基础施工、现浇结构施工等施工方案外,应对PC构件生产方案、运输方案、堆放方案、外防护方案进行详细叙述。

(9)相关保证措施。包括质量保证措施、安全生产保证措施、文明施工环境保护措施、季节施工措施、成本控制措施等。

质量管理应根据工程整体质量管理目标制定,在工程施工过程中围绕质量目标对各部门进行分工,制定构件生产、运输、吊装、成品保护等各施工工序的质量管理要点,实施全员质量管理、全过程质量管理。

安全文明施工管理应根据工程整体安全管理目标制定,在工程施工过程中围绕安全文明施工目标对各部门进行分工,明确预制构件制作、运输、吊装施工等不同工序的安全文明施工管理重点,落实安全生产责任制,严格实施安全文明施工管理措施。

2.1.3 施工部署及总体进度计划

2.1.3.1 装配式混凝土建筑施工工艺流程

装配式混凝土建筑施工工艺流程如图2-1所示。

2.1.3.2 施工准备

施工准备阶段的任务主要为项目施工策划和现场策划,其中必须考虑装配式构件生产准备工作所需时间,包括预制构件深化图制作、水电管线及辅助图纸制作、图纸确认、混凝土配合比设计及完成报告、预制构件模具设计制作、预制构件生产方式及生产计划编制、预制构件吊装及连接节点方式确定等工作。根据项目种类不同,多层、中高层住宅项目施工准备

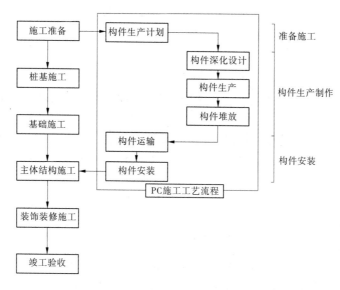

图 2-1　装配式混凝土建筑施工工艺流程

阶段所需时间一般为 2 个月,高层住宅或大型公共建筑施工准备阶段所需时间一般为 3～4 个月。

2.1.3.3　构件生产制作

1. 深化设计

预制构件深化设计是将各专业需求转换为实际可操作图纸的过程,涉及多专业交叉、多专业协同等问题。深化设计由具有综合各专业能力、有各专业施工经验的施工总承包方来承担,通过施工总承包方的收集、协调,把各专业的信息需求集中反映给构件厂,构件厂根据自身构件制作的工艺需求,将各方需求明确反映在深化图纸中,并与施工总承包方进行协调,尽可能实现一埋多用,将各专业需求统筹安排,并把各专业的需求在构架加工中实现。

深化设计流程如图 2-2 所示。

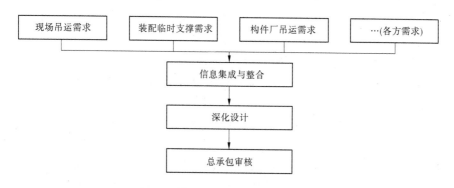

图 2-2　深化设计流程

构件深化设计前,各方需求由施工总承包方进行整合集成,然后交由深化设计单位进行设计,深化设计交界面简单明了,同时避免了各方可能存在的矛盾,深化设计集成度显著提高。深化设计中的需求整合工作由具备综合专业能力的总承包单位完成,避免由于深化设计人员专业局限而对各专业的理解出现偏差。深化设计成果由总承包方及设计单位进行审核,可检验是否满足各方需求。预制构件深化设计及图纸确认一般需45 d方可完成,若施工图纸出现变更,则应根据其影响范围适当调整时间。

2. 构件生产堆放

预制构件生产计划需综合考虑构件厂生产能力、生产方式、堆场规模、施工现场堆场布置和构件吊装进度计划等因素进行合理规划。目前,国内预制构件生产方式多采用固定模台生产线和自动化流水生产线,固定模台生产线生产能力为一天1个循环周期;自动化流水生产线生产能力为一天2个循环周期(24 h),即便受到生产条件、设备、人员、气候等特殊因素影响也可满足一天1.5个循环周期。综上考虑,从预制构件深化图完成至第一批构件出厂需40~45 d,其中模具设计制作需20~25 d,试生产时间7 d,正式生产至第一批构件出厂需14 d。预制构件生产计划应尽可能做到均衡生产,做到资源合理利用,提高整体生产效率。

3. 构件安装

装配式施工标准工期为6 d一层。综合考虑前期装配施工,装配工人安装熟练程度,前2~3层装配施工按7 d一层施工,待装配工人熟悉装配工序后,按6 d一层施工,如有特殊要求赶工期,可按5 d一层施工。标准层装配式施工可采用流水施工,提高现场工作人员和施工设备的使用效率,降低施工成本。

2.1.4 施工平面布置

装配式混凝土剪力墙结构建筑施工场地布置时,首先应进行起重机械选型工作,然后根据起重机械布局,规划场内道路,最后根据起重机械以及道路的相对关系确定堆场位置。装配式建筑与传统住宅相比,影响塔式起重机选型的因素有了一定变化。同样,增加的构件吊装工序,使得起重机对施工流水段及施工流向的划分均有影响。

2.1.4.1 各阶段施工场地分析

(1)在基础、地下结构和地上现浇层施工阶段,土方工程、现浇混凝土工程施工工作量大,现场需要较多的施工材料堆放场地和临时设施场地。此阶段平面布置的重点既要考虑满足现场施工需要的材料堆场,又要为预制构件吊装作业预留场地,因此不宜在规划的预制构件吊装作业场地设置临时水电管线、钢筋加工场等不易迅速转移场地的临时设施。

(2)在预制装配层施工阶段,吊装构件堆放场地要以满足1 d施工需要为宜,同时为以后的装修作业和设备安装预留场地,因此需合理布置塔吊和施工电梯位置,满足预制构件吊装和其他材料运输要求。

(3)在装修施工和设备安装阶段,有大量的分包单位将进场施工,按照总平面图布置此阶段的设备和材料堆场,按照施工进度计划,材料和设备如期进场是关键。

(4)根据场地情况及施工流水情况进行塔式起重机布置;考虑群塔作业,限制塔式起重机相互关系与臂长,并尽可能使塔式起重机所承担的吊运作业区域大致相当。

(5)根据最重预制构件重量及其位置进行塔式起重机选型,使得塔式起重机能够满足最重构件起吊要求;根据其余各构件重量、模板重量、混凝土吊斗重量及其与塔式起重机相对关系,对已经选定的塔式起重机进行校验,塔式起重机选型完成后,根据预制构件重量与其安装部位相对关系进行道路布置与堆场布置。由于预制构件运输的特殊性,需对运输道路坡度及转弯半径进行控制,并依照塔式起重机覆盖情况,综合考虑构件堆场布置;预制构件堆场的布置,需对构件排列进行考虑,其原则是:预制构件存放受力状态与安装受力状态一致。

2.1.4.2 预制构件吊装阶段施工平面布置

（1）在地下室外墙土方回填完后,需尽快完善临时道路和临时水电线路,硬化预制构件堆场。将来需要破碎拆除的临时道路和堆场,可采取能多次周转使用的装配式混凝土路面、场地技术,将会节约成本、减少建筑垃圾外运。

（2）施工道路宽度需满足构件运输车辆的双向开行及卸货吊车的支设空间;道路平整度和路面强度需满足吊车吊运大型构件时的承载力要求。

（3）对于 21 m 长的货车,路宽宜为 6 m,转弯半径宜为 20 m,可采用 200 mm 厚 C30 混凝土硬化道路。场内道路布置示意图如图 2-3 所示。

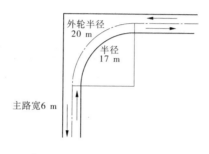

图 2-3　场内道路布置示意图

（4）构件存放场地的布置宜避开地下车库区域,以免对车库顶板施加过大临时荷载。

（5）墙板、楼面板等重型构件宜靠近塔吊中心存放,阳台板、飘窗板等较轻构件可存放在起吊范围内的较远处。

（6）各类构件宜靠近且平行于临时道路排列,便于构件运输车辆卸货到位和施工中按顺序补货,避免二次倒运。

（7）不同构件堆放区域之间宜设宽度为 0.8 ~ 1.2 m 的通道。将预制构件存放位置按构件吊装位置进行划分,用黄色油漆涂刷分隔线,并在各区域标注构件类型,存放构件时一一对应,提高吊装的准确性,便于堆放和吊装,如图 2-4 所示。

（8）构件存放宜按照吊装顺序及流水段配套堆放。

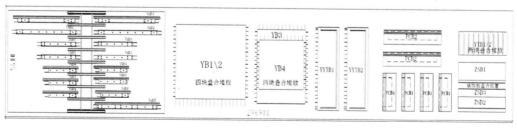

图 2-4　标准层构件堆放平面布置示意图

2.2 资源配置

2.2.1 劳动力组织管理

施工项目劳动力组织管理是项目经理部把参加施工项目生产活动的人员作为生产要素,对其所进行的劳动、劳动计划、组织、控制、协调、教育、激励等项工作的总称。其核心是按照施工项目的特点和目标要求,合理地组织、高效率地使用和管理劳动力,并按项目进度的需要不断调整劳动量、劳动力组织及劳动协作关系。

2.2.1.1 吊装作业劳动力组织管理

装配整体式混凝土结构在构件施工中,需要进行大量的吊装作业,吊装作业的效率将直接影响到工程施工的进度,吊装作业的安全将直接影响到施工现场的安全文明管理。吊装作业班组一般由班组长、吊装工、测量放线工、司索工等组成,如图 2-5 所示。

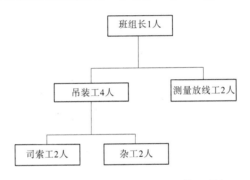

图 2-5 吊装作业劳动力组织管理图

2.2.1.2 灌浆作业劳动力组织管理

灌浆作业施工由若干班组组成,每组应不少于两人,一人负责注浆作业,一人负责调浆及灌浆溢流孔封堵工作。

2.2.1.3 劳动力组织技能培训

(1)吊装工序施工作业前,应对工人进行专门的吊装作业安全意识培训。构件安装前应对工人进行构件安装专项技术交底,确保构件安装质量一次到位。

(2)灌浆作业施工前,应对工人进行专门的灌浆作业技能培训,模拟现场灌浆施工作业流程,提高灌浆工人的质量意识和业务技能,确保构件灌浆作业的施工质量。

2.2.2 材料、预制构件组织管理

2.2.2.1 材料、预制构件管理内容要求

施工材料、预制构件管理是为顺利完成项目施工任务,从施工准备到项目竣工交付为止所进行的施工材料和构件计划、采购、运输、库存保管、使用、回收等所有的相关管理工作。

(1)根据现场施工所需的数量、构件型号,提前通知供货厂家按照提供的构件生产和进场计划组织好运输车辆,有序地运送到现场。

(2)装配整体式结构采用的灌浆料和套筒等材料的规格、品种、型号和质量必须满足设

计和有关规范、标准的要求，套筒和灌浆料应提前进场取样送检，避免影响后续施工。

（3）预制构件的尺寸、外观、钢筋等，必须满足设计和有关规范、标准的要求。

（4）外墙装饰类构件、材料应符合现行国家规范和设计的要求，同时应符合经业主批准的材料样板的要求，并应根据材料的特性、使用部位来进行选择。

（5）建立管理台账，进行材料收、发、储、运等环节的技术管理，对预制构件进行分类有序堆放。此外，同类预制构件应采用编码使用管理，防止装配过程中出现位置错装问题。

2.2.2.2　材料、预制构件运输控制

应采用预制构件专用运输车或区别常规运输车进行改装，降低车辆装载重心高度并设置运输稳定专用固定支架后运输构件。

预制叠合板（见图 2-6）、预制阳台和预制楼梯宜采用平放运输，预制外墙板（见图 2-7）宜采用专用支架竖直靠放运输。预制外墙板养护完毕即安置于运输靠放架上，每一个运输架上对称放置两块预制外墙板。运输薄壁构件，应设专用固定架，采用竖立或微倾放置方式。为确保构件表面或装饰面不被损伤，放置时插筋向内、装饰面向外，与地面之间的倾斜角度宜大于 80°，以防倾覆。为防止运输过程中车辆颠簸对构件造成损伤，构件与刚性支架间应加设橡胶垫等柔性材料，且应采取防止构件移动、倾倒、变形等的固定措施。此外，构件运输堆放时还应满足以下要求：

（1）构件运输时的支承点应与吊点在同一竖直线上，支承必须牢固。

（2）运载超高构件时应配电工跟车，随带工具保护途中架空线路，保证运输安全。

（3）运输 T 形梁、工字梁和桁架梁等易倾覆的大型构件时，必须用斜撑牢固地支撑在梁腹上。

（4）构件装车后应用紧线器紧固于车体上，长距离运输途中应检查紧线器的牢固状况，发现松动必须停车紧固，确认牢固后方可继续运行。

（5）搬运托架、车厢板和预制混凝土构件时，其间应放入柔性材料，构件应用钢丝绳或夹具与托架绑扎，构件边角与锁链接触部位的混凝土应采用柔性垫衬材料保护。

图 2-6　预制叠合板运输示意图

图 2-7　预制外墙板运输示意图

2.2.2.3　大型预制构件运输方案

运输工作开始之前，要做好充分准备。设计全面的吊装运输方案，明确运输车辆，合理设计并制作运输架等装运工具，并且要仔细清点构件，确保构件质量良好并且数量齐全。当运输超高、超宽、超长构件时，必须向有关部门申报，经批准后，在指定路线上行驶。牵引车上应悬挂安全标志，超高的部件应有专人照看，并配备适当保护器具，保证在有障碍物的情

况下安全通过。大型构件在实际运输之前应踏勘运输路线,确认运输道路的承载力(含桥梁和地下设施)、宽度、转弯半径和穿越桥梁、隧道的净空与架空线路的净高满足运输要求,确认运输机械与电力架空线路的最小距离符合要求,必要时可以进行试运。必须选择平坦坚实的运输道路,必要时"先修路,再运送"。

2.2.3　机械设备组织管理

机械设备组织管理就是对机械设备全过程的管理,即从选购机械设备开始,经过投入使用、磨损、补偿,直至报废退出生产领域为止的全过程的管理。

2.2.3.1　机械设备选型依据

(1)工程的特点:根据工程平面分布、长度、高度、宽度、结构形式等确定设备选型。

(2)工程量:充分考虑建设工程需要加工运输的工程量大小,决定选用的设备型号。

(3)施工项目的施工条件:现场道路条件、周边环境条件、现场平面布置条件等。

2.2.3.2　机械设备选型原则

(1)适应性:施工机械与建设项目的实际情况相适应,即施工机械要适应建设项目的施工条件和作业内容。施工机械的工作容量、生产效率等要与工程进度及工程量相符合,避免因施工机械设备的作业能力不足而延误工期,或因作业能力过大而使机械设备的利用率降低。

(2)高效性:通过对机械功率、技术参数的分析研究,在与项目条件相适应的前提下尽量选用生产效率高的机械设备。

(3)稳定性:选用性能优越稳定、安全可靠、操作简单方便的机械设备。避免因设备不稳定而影响工程项目的正常施工。

(4)经济性:在选择工程施工机械时,必须权衡工程量与机械费用的关系。尽可能选用低能耗、易保养维修的施工机械设备。

(5)安全性:选用的施工机械的各种安全防护装置要齐全、灵敏可靠。此外,在保证施工人员、设备安全的同时,应注意保护自然环境及已有的建筑设施,不致因所采用的施工机械设备及其作业而受到破坏。

2.2.3.3　施工机械需用量的计算

施工机械需用量根据工程量、计划期内的台班数量、机械的生产率和利用率按式(2-1)计算确定。

$$N = P/(W \times Q \times K_1 \times K_2) \qquad (2\text{-}1)$$

式中　N——需用机械数量;

　　　　P——计划期内的工作量;

　　　　W——计划期内的台班数量;

　　　　Q——机械每台班生产率(单位时间机械完成的工作量);

　　　　K_1——工作条件影响系数(因现场条件限制造成的);

　　　　K_2——机械生产时间利用系数(指考虑了施工组织和生产实际损失等因素对机械生产效率的影响系数)。

2.2.3.4　吊运设备的选型

装配整体式混凝土结构,一般情况下采用的预制构件体型重大,人工很难对其加以吊运安装作业,通常需要采用大型机械吊运设备完成构件的吊运安装工作。吊运设备分为移动式汽车起重机(见图 2-8)和塔式起重机(见图 2-9)。在实际施工过程中应合理地使用两种吊装设备,使其优缺点互补,以便于更好地完成各类构件的装卸运输吊运安装工作,取得最佳的经济效益。

图 2-8　移动式汽车起重机

图 2-9　塔式起重机

1. 移动式汽车起重机选择

在装配整体式混凝土结构施工中,对于吊运设备的选择,通常会根据设备造价、合同周期、施工现场环境、建筑高度、构件吊运质量等因素综合考虑确定。一般情况下,在低层、多层装配整体式混凝土结构施工中,预制构件的吊运安装作业通常采用移动式汽车起重机,当现场构件需二次倒运时,也可采用移动式汽车起重机。

2. 塔式起重机选择

(1)塔式起重机选型首先取决于装配整体式混凝土结构的工程规模。如小型多层装配整体式混凝土结构工程,可选择小型的经济型塔式起重机。高层建筑的塔式起重机,宜选择与之相匹配的起重机械,因垂直运输能力直接决定结构施工速度的快慢,要对不同塔式起重机的差价与加快进度的综合经济效益进行比较,合理选择。

(2)塔式起重机应满足吊次的需求。塔式起重机吊次计算:一般中型塔式起重机的理论吊次为 80～120 次/台班,塔式起重机的吊次应根据所选用塔式起重机的技术说明中提供的理论吊次进行计算。计算时可按所选塔式起重机所负责的区域、每月计划完成的楼层数,统计需要塔式起重机完成的垂直运输的实物量,合理计算出每月实际需用吊次,再计算每月塔式起重机的理论吊次(根据每天安排的台班数)。

当理论吊次大于实际需用吊次时即满足要求,当不满足要求时,应采取相应措施,如增加每日的施工班次,增加吊装配合人员。塔式起重机尽可能地均衡连续作业,提高塔式起重机利用率。

(3)塔式起重机覆盖面的要求。塔式起重机型号决定了塔式起重机的臂长幅度,布置塔式起重机时,塔臂应覆盖堆场构件,避免出现覆盖盲区,减少预制构件的二次搬运。对含有主楼、裙房的高层建筑,塔臂应全面覆盖主体结构部分和堆场构件存放位置,裙楼力求塔臂全部覆盖。

当出现难以解决的楼边覆盖时,可考虑采用临时租用汽车起重机解决裙房边角垂直运输问题,不能盲目加大塔式起重机型号,应认真进行技术经济比较分析后确定方案。

（4）最大起重能力的要求。在塔式起重机的选型中，应结合塔式起重机的尺寸及起重量荷载特点进行确定，重点考虑工程施工过程中最重的预制构件对塔式起重机吊运能力的要求，应根据其存放的位置、吊运的部位、距塔中心的距离，确定该塔式起重机是否具备相应起重能力，确定塔式起重机方案时应留有余地。塔式起重机不满足吊重要求时，必须调整塔型，使其满足要求。

2.3 各方协同

2.3.1 与设计的协同

EPC 总承包（设计、采购、施工总承包，下同）以设计为龙头，在设计阶段与各方（采购、生产、施工）沟通，充分发挥 EPC 总承包设计自身优势，引进新技术、新工艺，同时使施工便于操作、降低工程造价、提高工程质量、缩短施工工期等，如图 2-10 所示。

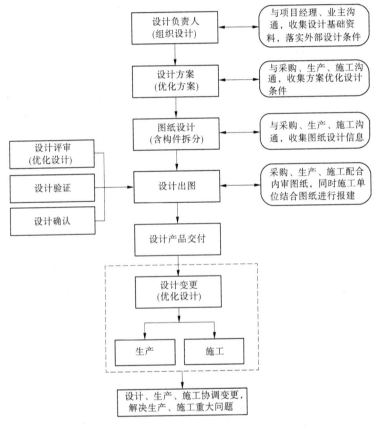

图 2-10 与设计的关系

2.3.2 与生产的协同

EPC 总承包在生产阶段针对构件拆分图与设计、施工、运输等单位进行沟通，收集预制构件深化设计相关信息，减少预制构件生产、装配过程中的返工现象，避免构件在生产、运输、装配过程中出现质量问题,如图 2-11 所示。

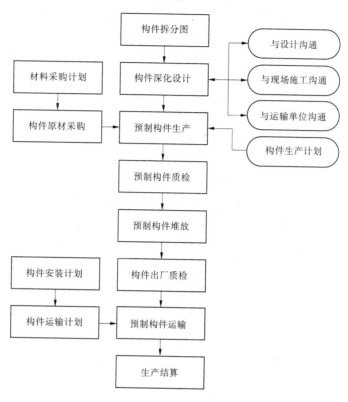

图 2-11　与生产的关系

2.4　进度控制

2.4.1　装配式施工项目总体施工进度控制

2.4.1.1　装配式混凝土项目进度管控的原则和内容

1. 管控原则

装配式混凝土建设项目,应选择 EPC 总承包管理模式,最大程度上协调设计、生产、施工;坚持建筑、结构、机电、装修一体化的技术体系,从而从根本上提高设计、生产、建造效率。

2. 管控内容

项目进度管控,要从进度的事前控制、事中控制、事后控制等方面进行,形成计划、实施、调整(纠偏)的完整循环。

(1)进度的事前控制,就是要确定工期目标,编制项目实施总进度计划及相应的分阶段(期)计划、相应的施工方案和保障措施。其中重点是施工进度计划。

施工进度计划是施工现场各项施工活动在时间、空间上前后顺序的体现。合理编制施工进度计划就必须遵循施工技术程序的规律,根据施工方案和工程开展程序进行组织,这样才能保证各项施工活动的紧密衔接和相互促进,以充分利用资源,确保工程质量。施工进度计划按编制对象的不同可分为施工总进度计划、单位工程进度计划、分阶段工程(或专项工程)进度计划、分部分项工程进度计划4种。施工进度计划编制后应进行工期优化、费用优化和资源优化,再确定最终计划。装配式混凝土工程在进度计划编制中,应重点关注起重设备使用计划和构件进场计划情况,这两项内容应该单独编制细部计划。其中,施工总进度计划、单位工程进度计划最好同时绘制网络图和横道图,方便计划调整和纠偏。

(2)进度的事中控制主要是审核计划进度与实际进度的差异,并进行工程进度的动态管理,即分析进度差异的原因,提出调整的措施和方案,相应调整施工进度计划、资源供应计划。对于装配式混凝土工程,施工中应重点观察起重吊装机械的运行效率、构件安装效率等,并与计划和企业定额进行对比。另外,施工人员应经常性地与工厂保持联络。若现场条件允许,应保证一定的构件存放量。

(3)进度的事后控制主要是当实际进度与计划进度发生偏差时,在分析原因的基础上应采取以下措施:①制定保证总工期不突破的措施。②制定总工期突破后的补救措施。③调整相应的施工计划,并组织协调相应的配套设施和保障措施。

2.4.1.2　施工现场与设计、构件厂的协调

装配式混凝土结构的现场施工中预制构件的吊安处在关键线路上,是关键工作。而作为构件吊安的前提,构件的进场必须按计划得到保证。现在的施工项目中,由于构件供应不及时造成工期延误的情况屡有发生,其原因可能是设计、生产、运输、存放等多方面因素,有时甚至是几种因素混合在一起,造成构件不能正常供应,影响施工进度。

设计是构件生产的前提,构件生产是现场吊安的前提。设计方出图时间和出图质量直接影响深化设计与工厂的生产准备,从而影响工程整体进度。所以,装配式混凝土建筑要采用EPC总承包模式,统一协调管理,以期高效。对设计的进度要求一般在项目策划阶段就同工程总进度计划一起予以明确。构件厂、施工现场技术人员应与设计人员紧密联系,必要时应召开协调会。

在工程总进度计划确定之后,施工单位应排出构件吊装计划,并要求构件厂排出构件生产计划。现场施工人员应同构件厂紧密联系,了解构件生产情况,并根据现场场地情况考虑构件存放量。一般而言,施工现场提前45 d将计划书面通知构件厂为宜。驻厂监造人员应参与构件生产进度的监察和管控。构件厂应制定进度的保证措施和应急预案,包括生产计划、增加资源投入、使用混凝土早强剂、采用特殊养护方式等。

构件进场前,施工单位应与构件厂商定每批构件的具体进场时间及进场次序。构件进场应充分考虑构件运输的限制因素(如所经道路是否限制大型车辆通行、限制的时间、是否限高、转弯半径等),确定场内外行车路线。

2.4.2　施工现场进度控制

2.4.2.1　构件吊安工作安排

下面以剪力墙结构、两个施工流水段、标准层构件吊安工作安排为例进行简要阐述:标准工期为5 d一层,综合考虑前期装配施工、装配工人安装熟练程度,前2～3层装配施工按6 d一层施工,待装配工人熟悉装配工序后,按5 d一层施工,如有特殊要求赶工期,可按4 d一层施工。流水段1与流水段2时间间隔为1 d。

1. 标准层 6 d 流水作业计划(第 N 层)

1)流水段 1

第一天(全天用塔吊,以预制墙体、预制叠合板(PCF)和预制楼梯等构件吊装、临时固定及校正为主,以预制墙板塞缝、吊运暗柱及局部墙体钢筋为辅):

(1)(全天)吊装、临时固定及校正预制构件。

(2)(下午)预制墙板塞缝施工。

(3)(晚上)吊运暗柱及局部墙体钢筋。

第二天(以绑扎暗柱及局部墙体钢筋、预制墙体塞缝为主,以预制墙板灌浆、暗柱及局部墙体钢筋验收、吊运暗柱及局部墙体模板为辅):

(1)(上午)预制墙体塞缝施工。

(2)(全天)暗柱及局部墙体钢筋绑扎施工。

(3)(下午)预制墙板灌浆施工。

(4)(下午)暗柱及局部墙体钢筋验收。

(5)(晚上)吊运暗柱及局部墙体模板。

第三天(以预制墙体灌浆施工、暗柱及局部墙体模板封模施工为主,以暗柱及局部墙体混凝土浇筑前质量验收为辅):

(1)(上午)预制墙体灌浆施工。

(2)(全天)暗柱及局部墙体模板封模施工。

(3)(下午)暗柱及局部墙体混凝土浇筑前质量验收。

第四天(全天用塔吊,以暗柱及局部墙体混凝土浇筑为主,以吊装、固定、校正叠合板和暗柱及局部墙体混凝土养护为辅):

(1)(上午)暗柱及局部墙体混凝土浇筑施工(暗柱及局部墙体混凝土浇筑考虑用塔吊＋吊料斗)。

(2)(下午)叠合板吊装、固定及校正施工。

(3)(晚上)暗柱及局部墙体混凝土养护施工。

第五天(以吊装、固定、校正叠合板及钢筋绑扎为主,以叠合板混凝土浇筑前钢筋验收为辅):

(1)(上午)叠合板吊装、固定及校正施工。

(2)(下午)叠合板板缝封模施工。

(3)(下午)机电管线预埋。

(4)(下午)叠合板钢筋绑扎施工。

(5)(晚上)叠合板混凝土浇筑前钢筋验收。

第六天(以叠合板混凝土浇筑施工为主,以叠合板混凝土养护及 N +1 层预制构件放线为辅):

(1)(上午)叠合板混凝土浇筑施工(建议采用天泵或地泵＋布料机)。

(2)(下午)叠合板混凝土养护施工。

(3)(下午)N +1 层预制构件放线。

2)流水段 2

第一天(N -1 层,以叠合板混凝土浇筑施工为主,以叠合板混凝土养护及 N 层预制构件放线为辅）：

（1）（上午）叠合板混凝土浇筑（建议采用天泵或地泵＋布料机）。

（2）（下午）叠合板混凝土养护施工。

（3）（下午）N 层预制构件放线施工。

第二天（全天用塔吊，以预制墙体、预制叠合板（PCF）和预制楼梯等构件吊装、临时固定及校正为主，以预制墙板塞缝、吊运暗柱及局部墙体钢筋为辅）：

（1）（全天）吊装、临时固定及校正预制构件。

（2）（下午）预制墙板塞缝施工。

（3）（晚上）吊运暗柱及局部墙体钢筋。

第三、四、五、六、七天施工内容参见流水段 1 中前一天。

第七天（以叠合板混凝土浇筑施工为主，以叠合板混凝土养护及 N＋1 层预制构件放线为辅）：

（1）（上午）叠合板混凝土浇筑施工（建议采用天泵或地泵＋布料机）。

（2）（下午）叠合板混凝土养护施工。

（3）（下午）N＋1 层预制构件放线施工。

2. 标准层 5 d 流水作业计划（第 N 层）

1）流水段 1

第一天（全天用塔吊，以预制墙体、预制叠合板（PCF）和预制楼梯等构件吊装、临时固定及校正为主，以预制墙板塞缝、吊运暗柱及局部墙体钢筋为辅）：

（1）（全天）吊装、临时固定及校正预制构件。

（2）（下午）预制墙板塞缝施工。

（3）（晚上）吊运暗柱及局部墙体钢筋。

第二天（以绑扎暗柱及局部墙体钢筋、预制墙体塞缝为主，以预制墙板灌浆、暗柱及局部墙体钢筋验收、吊运暗柱及局部墙体模板为辅）：

（1）（上午）预制墙体塞缝施工。

（2）（全天）暗柱及局部墙体钢筋绑扎施工。

（3）（下午）预制墙板灌浆施工。

（4）（下午）暗柱及局部墙体钢筋验收。

（5）（晚上）吊运暗柱及局部墙体模板。

第三天（晚上用塔吊，以预制墙体灌浆施工、暗柱及局部墙体模板封模施工、暗柱及局部墙体混凝土浇筑施工为主，以暗柱及局部墙体混凝土浇筑前质量验收为辅）：

（1）（上午）预制墙体灌浆施工。

（2）（全天）暗柱及局部墙体模板封模施工。

（3）（下午）暗柱及局部墙体混凝土浇筑前质量验收。

（4）（晚上）暗柱及局部墙体混凝土浇筑施工（暗柱及局部墙体混凝土浇筑考虑用塔吊＋吊料斗）。

第四天（全天用塔吊，以吊装、固定及校正叠合板、叠合板板缝封堵及叠合板钢筋绑扎为主，以暗柱及局部墙体混凝土养护为辅）：

（1）（全天）叠合板吊装、固定及校正施工。

（2）（下午）叠合板板缝封堵施工。

（3）（下午）机电管线预埋。

（4）（下午及晚上）叠合板钢筋绑扎施工。

（5）（全天）暗柱及局部墙体混凝土养护。

第五天（以叠合板混凝土浇筑为主，以叠合板混凝土养护及 $N+1$ 层预制构件放线为辅）：

（1）（上午）叠合板混凝土浇筑施工（建议采用天泵或地泵 + 布料机）。

（2）（下午）叠合板混凝土养护施工。

（3）（下午）$N+1$ 层预制构件放线。

2）流水段 2

第一天（$N-1$ 层，以叠合板混凝土浇筑施工为主，以叠合板混凝土养护及 N 层预制构件放线为辅）：

（1）（上午）叠合板混凝土浇筑施工（建议采用天泵或地泵 + 布料机）。

（2）（下午）叠合板混凝土养护施工。

（3）（下午）N 层预制构件放线。

第二、三、四、五、六天施工内容参见流水段 1 中前一天。

3. 标准层 4 d 流水作业计划（第 N 层）

1）流水段 1

第一天（全天用塔吊，以预制墙体、预制叠合板和预制楼梯等构件吊装、临时固定及校正为主，以预制墙板塞缝、暗柱及局部墙体钢筋绑扎为辅）：

（1）（全天）吊装、临时固定及校正预制构件。

（2）（下午及晚上）预制墙板塞缝、暗柱及局部墙体钢筋绑扎。

第二天（晚上用塔吊，以预制墙体塞缝及暗柱钢筋绑扎、预制墙体灌浆及暗柱封模为主，以暗柱混凝土浇筑为辅）：

（1）（上午）预制墙体塞缝及暗柱钢筋绑扎。

（2）（全天）预制墙体灌浆及暗柱封模。

（3）（晚上）暗柱混凝土浇筑施工（可以考虑用塔吊 + 吊料斗）。

第三天（全天用塔吊，以安装叠合板支撑、吊装、固定、校正为主，以叠合板钢筋绑扎为辅）：

（1）（上午）安装叠合板支撑。

（2）（全天）吊装、固定、校正叠合板施工。

（3）（下午）预埋机电管线施工。

（4）（下午及晚上）叠合板钢筋绑扎施工。

第四天（以叠合板混凝土浇筑为主，以混凝土养护及 $N+1$ 层放线为辅）：

（1）（上午）叠合板混凝土浇筑施工（建议采用天泵或地泵 + 布料机）。

（2）（下午及晚上）混凝土养护施工。

（3）（下午）N 层放线施工。

2）流水段 2

第一天（$N-1$ 层，以叠合板混凝土浇筑为主，以混凝土养护及 N 层放线为辅）：

(1)(上午)叠合板混凝土浇筑施工(建议采用天泵或地泵+布料机)。

(2)(下午及晚上)混凝土养护施工。

(3)(下午)N层放线施工。

第二、三、四天施工内容参见流水段1中前一天。

注:标准层4d一层为赶工施工阶段,此阶段人、材、机投入需满足计划要求,并应实现各工艺施工过程中实时验收。

2.4.2.2　工期保证措施

1.管理保证

1)进度计划编制

依据招标文件要求编排合理的总进度计划。以整个工程为对象,综合考虑各方面的情况,对施工过程做出战略性部署,确定主要施工阶段的开始时间及关键线路、工序,明确施工主攻方向。同时,编制所有施工专业的分部分项工程进度计划,在工序的安排上服从施工总进度计划的要求和规定,时间安排上留有一定余地,确保施工总目标的实现。

2)进度计划审批

为了确保施工总进度计划的顺利实施,各分包根据分包合同和施工大纲的要求,各自提供确保工期进度的具体执行计划,并经总包审批同意付诸实施。通过对各分包执行审核批准,使施工总进度计划在各个专业系统领域内得到有效的分解和落实。

3)分级计划控制

在进度计划体制上,实行分级计划控制,分三级进度控制计划编制。工程的进度管理是一个综合的系统工程,涵盖了技术、资源、商务、质量检验、安全检查等多方面,因此根据总控工期、阶段工期和分项工程的工程量制订的各种派生计划,是进度管理的重要组成部分,按照最迟完成或最迟准备的插入时间原则,制订各类派生保证计划,做到施工有条不紊、有章可循。

4)施工进度监测

总包各专业工程师每天对现场的施工情况进行检查,汇总记录,及时反映施工计划的执行情况。进度监测依照的标准包括工作完成比例、工作持续时间、相应于计划的实物工程量完成比例,用实际完成量的累计百分比与计划的应完成量的累计百分比进行比较。根据对比实际进度与计划进度,采用图表比较法,得出实际进度与计划进度相一致、超前或拖后的情况。

5)进度计划调整

在进度监测过程中,一旦发现实际进度与计划进度不符,即有偏差时,进度控制人员必须认真寻找产生进度偏差的原因,分析该偏差对后续工作和总工期的影响,及时调整施工计划,并采取必要的措施以确保进度目标实现。

2.资源保证

1)施工人员

相对而言,装配式混凝土结构施工现场所需人工数量少于传统现浇结构,但对工人的素质需求有所提高。特别是关键工序的操作工人(如构件安装、灌浆等),应具备相应的知识和过硬的技能水准。因此,施工现场应保证此类工人相对固定。尤其在农忙和节假日期间,应对现场关键工序操作工人情况详细摸底,必要时重新安排劳动力。要做好工人的培训和交底工作,提高工人素质。

2)施工机械设备

相对而言,装配式混凝土结构施工现场所需吊装起重设备规格或数量大于传统现浇结构。施工前应做好起重设备的选型和布置,兼顾效率和经济。塔吊顶升和附着要与施工紧密配合,必要时现场或堆场可配备汽车吊等加以辅助。对于一些装配式混凝土结构施工特有的工具,应按需配备并检验。

3.经济保证

1)预算管理

执行严格的预算管理:施工准备期间,编制项目全过程现金流量表,预测项目的现金流,对资金做到平衡使用,以丰补缺,避免资金的无计划管理。

2)支出管理

执行专款专用制度:建立专门的工程资金账户,随着工程各阶段控制日期工作的完成,及时支付各专业分包的劳务费用,防止施工中因为资金问题而影响工程的进展,充分保证人工、机械、材料的及时进场。

资金压力分解:在选择分包商、材料供应商时,提出部分支付的条件,向同意部分支付又相对资金雄厚的合格分包商、供应商倾斜。

4.赶工措施

如果关键工作出现延误,应采取必要的措施进行赶工。赶工时必须保证质量安全,保证资源供应,协调好场内外的关系,做好相应的技术措施。对于装配式混凝土工程,应尽量避免夜间吊安,如必须夜间吊安的,必须保证现场照度。

思考题

1.装配式施工中施工组织的编制原则有哪些?

2.装配式施工中施工组织的编制依据有哪些?

3.施工组织设计中施工准备有哪些主要内容?

4.施工组织设计中施工总平面图如何布置?

5.资源配置中如何进行劳动力组织管理?

6.预制构件的运输需要满足哪些要求?

7.施工组织管理中如何做好各方协同?

第3章　装配式混凝土结构体系施工关键技术

3.1　装配式混凝土结构施工技术概述

装配式混凝土结构是指由预制混凝土构件通过可靠的连接方式装配而成的一种结构形式。在建筑工程中,简称装配式建筑;在结构工程中,简称装配式结构。

3.1.1　装配式建筑结构分类

装配式混凝土结构体系可归纳为通用结构体系和专用结构体系两大类,其中专用结构体系一般在通用结构体系的基础上结合具体建筑物功能和性能要求发展完善而成。

装配式混凝土结构体系一般可概括为框架结构、剪力墙结构及框架－剪力墙结构以及框架－核心筒结构等类型,各种结构体系的选择可根据具体工程的高度、平面布置、体型、抗震等级、抗震设防烈度及功能特点来确定。

3.1.1.1　框架结构

框架结构是由梁和柱连接而成的。梁柱交接处的框架节点通常为刚接,有时也将部分节点做成铰接或半铰接。柱底一般为固定支座,必要时也可设计成铰支座。为利于结构受力,框架梁宜拉通、对直,框架柱宜纵横对齐、上下对中,梁柱轴线宜在同一竖向平面内。有时由于使用功能或建筑造型上的要求,框架结构也可以做成缺梁、内收或梁斜向布置等。

3.1.1.2　剪力墙结构

采用钢筋混凝土剪力墙(用于抗震结构时也称为抗震墙)承受竖向荷载和抵抗侧向力的结构称为剪力墙结构,也称为抗震墙结构。剪力墙结构整体性好,承载力及侧向刚度大。合理设计的剪力墙结构具有良好的抗震性能。在历次地震中,剪力墙的震害一般比较轻。受楼板跨度的限制,剪力墙结构的开间一般为 3～8 m,适用于住宅、旅馆等建筑。剪力墙结构的适用高度范围大,多层及 30～40 层都可应用。

3.1.1.3　框架－剪力墙结构

框架－剪力墙结构既包含框架柱,也包含剪力墙,两者结合设置,计算中采用了楼板平面刚度无限大的假定,即认为楼板在自身平面内是不变形的。水平力通过楼板按抗侧立刚度分配到剪力墙和框架。剪力墙的刚度大,承受大部分水平力,因而在地震作用下,剪力墙是第一道防线,框架柱是第二道防线。

3.1.2　装配式建筑结构常用构件

装配式混凝土结构常用预制构件主要有预制混凝土柱、预制混凝土梁、预制混凝土楼板、预制混凝土墙板、预制混凝土楼梯、阳台、空调板等构件。

3.1.2.1　预制混凝土柱

预制混凝土柱一般在工厂预制完成,为了连接的需要,在端部需要留置锚筋,如图 3-1 所示。

3.1.2.2　预制混凝土梁

预制混凝土梁一般在工厂预制完成,有预制实心梁和预制叠合梁。为了连接的需要,在端部需要留置锚筋,叠合梁在上部也需要露出钢筋,用来连接叠合板,如图 3-2 所示。

图 3-1　预制混凝土柱

图 3-2　预制混凝土梁

3.1.2.3　预制混凝土楼板

预制混凝土楼板一般在工厂预制完成,预制混凝土楼板包括预制实心混凝土板、预制混凝土叠合板。预制混凝土楼板最常见的主要有两种:一种是桁架钢筋混凝土叠合板,如图 3-3 所示;另一种是预制带肋底板混凝土叠合楼板,简称预应力板。

3.1.2.4　预制混凝土墙板

预制混凝土墙板一般在工厂预制完成,种类有预制混凝土剪力墙内墙板、预制混凝土剪力墙外墙板(见图 3-4)、预制混凝土夹心保温墙板、预制混凝土剪力墙夹心外墙板等。

图 3-3　预制混凝土叠合板

图 3-4　预制混凝土剪力墙外墙板

3.1.2.5　预制混凝土楼梯

预制混凝土楼梯一般在工厂预制完成,如图 3-5 所示。预制混凝土楼梯具有以下优点:
(1)预制混凝土楼梯安装后可作为施工通道。

（2）预制混凝土楼梯受力明确，地震时支座不会受弯破坏，保证了逃生通道，同时楼梯不会对梁柱造成伤害。

3.1.2.6 预制混凝土阳台

预制混凝土阳台通常包括全预制阳台和预制叠合阳台，如图3-6所示。预制阳台板能够克服现浇阳台的缺点，解决了阳台支模复杂、现场高空作业费时费力的问题，还能避免在施工过程中，由于工人踩踏使阳台楼板上部的受力筋被踩到下面，从而导致阳台拆模后下垂的质量通病。

图3-5 预制混凝土楼梯　　　　　　　　　图3-6 预制混凝土阳台

3.1.2.7 其他构件

根据结构设计不同，实际应用中还会有其他构件，如飘窗板、空调板、女儿墙、外挂板（见图3-7）、凸窗（见图3-8）等。

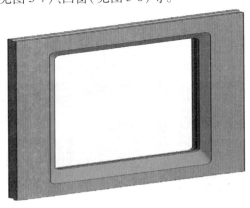

图3-7 预制混凝土外挂板　　　　　　　　　图3-8 预制混凝土凸窗

3.1.3 装配式混凝土结构施工

3.1.3.1 施工流程

装配式混凝土结构由水平受力构件和竖向受力构件组成，构件采用工厂化生产（或现浇剪力墙），运至施工现场后，通过后浇混凝土连接，水平向钢筋通过机械连接或其他方式连接，竖向钢筋通过钢筋灌浆套筒或其他方式连接，经过装配及后浇叠合形成整体结构。其整体施工流程如图3-9所示。

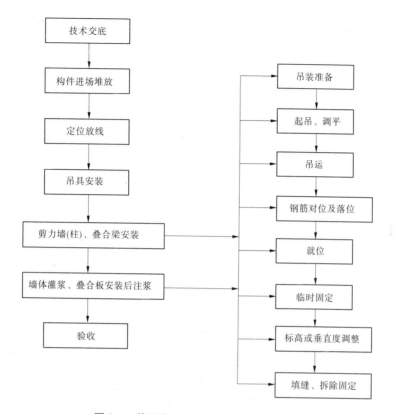

图 3-9　装配式混凝土结构整体施工流程

3.1.3.2　安装前准备

装配式剪力墙结构的施工特点之一就是有大量的现场吊装工作,其施工精度要求高,吊装过程安全隐患较大。因此,在预制构件正式安装前必须做好完善的准备工作,如制定构件安装流程,确保预制构件、材料、预埋件、临时支撑等满足国家现行有关标准及设计要求,并按施工方案、工艺和操作规程的要求做好人、机、料的各项准备,方能确保优质、高效、安全地完成施工任务。

1. 技术准备

(1)预制构件安装施工前,应编制专项施工方案,并按设计要求对各工况进行施工验算和施工技术交底。

(2)安装施工前对施工作业工人进行安全作业培训和安全技术交底。

(3)吊装前应合理规划吊装顺序,除满足墙体、楼梯、叠合板等预制构件外,还应结合施工现场情况,满足先外后内、先低后高原则。绘制吊装作业流程图,方便吊装机械行走,提高经济效益。

2. 人员安排

构件安装是装配式结构施工的重要施工工艺,将影响到整个建筑质量安全。因此,施工现场的安装应由专业的产业化工人操作,包含起重司机、吊装工、信号工等职业工人。

(1)装配式剪力墙结构施工前,施工单位应对管理人员及安装人员进行专项培训和相关交底。

(2)施工现场必须选派具有丰富吊装经验的信号指挥人员、挂钩人员,作业人员施工前必须检查身体,对患有不宜高空作业疾病的人员不得安排高空作业。特种作业人员必须经过专门的安全培训,经考核合格,持特种作业操作资格证书上岗。特种作业人员应按规定进行体检和复审。

(3)起重吊装作业前,应根据施工组织设计要求划定危险作业区域,在主要施工部位、作业点、危险区,都必须设置醒目的警示标志,设专人加强安全警戒,防止无关人员进入。还应视现场作业环境专门设置监护人员,防止高处作业或交叉作业时造成的落物伤人事故。

3.现场条件准备

(1)检查构件套筒或浆锚孔是否堵塞。当套筒、预留孔内有杂物时,应及时清理干净。用手电筒补光检查,发现异物用气体或钢筋将异物清除掉。

(2)将连接部位浮灰清扫干净。

(3)对于柱子、剪力墙板等竖直构件,安好调整标高的支垫(在预埋螺母中旋入螺栓或在设计位置安放金属垫块),准备好斜支撑部件,检查斜支撑地销。

(4)对于叠合楼板、梁、阳台板、挑檐板等水平构件,架立好竖向支撑。

(5)伸出钢筋采用机械套筒连接时,吊装前须在伸出钢筋端部套上套筒。

(6)外挂墙板安装节点连接部件的准备,如果需要水平牵引,须进行牵引葫芦吊点设置和工具准备等。

(7)检验预制构件质量和性能是否符合现行国家规范要求,未经检验或不合格的产品不得使用。

(8)所有构件吊装前应做好截面控制线,方便吊装过程中调整和检验,有利于质量控制。

(9)安装前,复核测量放线及安装定位标识。

4.机具及材料准备

(1)阅读起重机械吊装参数及相关说明(吊装名称、数量、单件质量、安装高度等参数),并检查起重机械性能,以免吊装过程中出现无法吊装或机械损坏停止吊装等现象,杜绝重大安全隐患。

(2)安装前应对起重机械设备进行试车检验并调试合格,宜选择具有代表性的构件或单元试安装,并应根据试安装结构及时调整完善施工方案和施工工艺。

(3)应根据预制构件形状、尺寸及重量要求选择适宜的吊具,在吊装过程中,吊索水平夹角不宜小于60°,不应小于45°;尺寸较大或形状复杂的预制构件应选择设置分配梁或分配桁架的吊具,并应保证吊车主钩位置、吊具及构件重心在竖直方向重合。

(4)准备牵引绳等辅助工具、材料,并确保其完好性,特别是绳索是否有破损,吊钩卡环是否有问题等。

(5)准备好灌浆料、灌浆设备、工具,调试灌浆泵。

3.2 预制构件现场堆放

装配式建筑施工中,预制构件品类多、数量大,无论在生产厂还是在施工现场均占用较大场地面积,合理有序地对构件进行分类堆放,对于减小构件堆场使用面积,加强成品保护,加快施工进度,构建文明施工环境均具有重要意义。预制构件的堆放应按规范要求进行,确保预制构件在使用之前不受破坏,运输及吊装时能方便、快速找到对应的构件。

3.2.1　场地要求

(1)预制构件的存放场地宜为混凝土硬化地面或经人工处理的自然地坪,应满足平整度和地基承载力要求,并应有排水措施。

(2)堆放预制构件时应使构件与地面之间留有一定空隙,避免与地面直接接触,须搁置于木头或柔性材料上(如塑料垫片),堆放构件的支垫应坚实牢靠,且表面有防止构件被污染的措施。

(3)预制构件的堆放场地选择应满足吊装设备的有效起重范围,尽量避免出现二次吊运,以免造成工期延误及费用增加。场地大小选择应根据构件数量、尺寸及安装计划综合确定。

(4)预制构件应按规格型号、出厂日期、使用部位、吊装顺序分类存放,编号清晰。不同类型构件之间应留有不少于 0.7 m 的人行通道。

(5)预制构件存放区域 2 m 范围内不应进行电焊、气焊作业,以免污染产品。露天堆放时,预制构件的预埋铁件应有防止锈蚀的措施,易积水的预留、预埋孔洞等应采取封堵措施。

(6)预制构件应采用合理的防潮、防雨、防边角损伤措施,堆放边角处应设置明显的警示隔离标识,防止车辆或机械设备碰撞。

3.2.2　堆放方式

构件堆放方法主要有平放和立(竖)放两种,具体选择时应根据构件的刚度及受力情况区分。通常情况下,梁、柱等细长构件宜水平堆放,且不少于两条垫木支撑;墙板宜采用托架立放,上部两点支撑;楼板、楼梯、阳台板等构件宜水平叠放,叠放层数应根据构件与垫木或垫块的承载力及堆垛的稳定性确定,必要时应设置防止构件倾覆的支架,一般情况下,叠放层数不宜超过 5 层。

3.2.2.1　平放时的注意事项

(1)对于宽度不大于 500 mm 的构件,宜采用通长垫木,宽度大于 500 mm 的构件,可采用不通长垫木,放上构件后可在上面放置同样的垫木,一般不宜超过 5 层,如受场地条件限制增加堆放层数的,须经承载力验算。

(2)垫木上下位置之间如果存在错位,构件除了承受垂直荷载,还要承受弯曲应力和剪切力,所以必须放置在同一条线上。

(3)构件平放时应使吊环向上、标识向外,便于查找及吊运。

3.2.2.2　立放时的注意事项

(1)立放可分为插放和靠放两种方式,插放时场地必须清理干净,插放架必须牢固,挂钩应扶稳构件,垂直落地,靠放时应有牢固的靠放架,必须对称靠放和吊运,其倾斜度应保持大于 80°,构件上部用垫块隔开。

(2)构件的断面高宽比大于 2.5 时,堆放时下部应加支撑或有坚固的堆放架,上部应拉牢固定,避免倾倒。

(3)要将地面压实并铺上混凝土等,铺设路面要整修为粗糙面,防止脚手架滑动。

(4)柱和梁等立体构件要根据各自的形状和配筋选择合适的储存方法。

3.2.3 构件堆放示例

3.2.3.1 预制剪力墙堆放

预制剪力墙堆放示意图如图 3-10 所示。墙板垂直立放时,宜采用专用 A 字架形式(见图 3-11)插放或对称靠放,长期靠放时必须加安全塑料带捆绑或钢索固定,支架应有足够的刚度,并支垫稳固。墙板直立存放时必须考虑上下左右不得摇晃,且须考虑地震时是否稳固。预制外挂墙板外饰面朝外,墙板搁支尽量避免与刚性支架直接接触,以枕木或者软性垫片加以隔开,避免碰坏墙板,并将墙板底部垫上枕木或者软性的垫片。

图 3-10 预制剪力墙堆放示意图

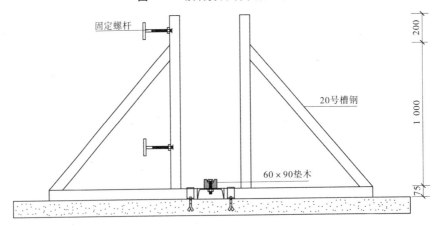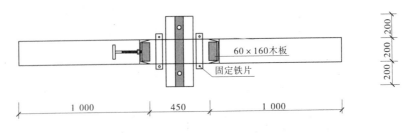

图 3-11 钢制 A 字架制作示意图

3.2.3.2 预制梁、柱堆放

预制梁、柱等细长构件宜水平堆放,预埋吊装孔表面朝上,高度不宜超过 2 层,且不宜超

过 2.0 m，如图 3-12 所示。实心梁、柱须于两端(0.2 ~ 0.25)L 间垫上枕木，底部支撑高度不小于 100 mm。若为叠合梁，则须将枕木垫于实心处，不可让薄壁部位受力。

图 3-12　预制梁、柱构件堆放示意图

3.2.3.3　预制板类构件堆放

预制板类构件可采用叠放方式存放，如图 3-13 所示，其叠放高度应按构件强度、地面耐压力、垫木强度以及垛堆的稳定性而确定，构件层与层之间应垫平、垫实，各层支垫应上下对齐，最下面一层支垫应通长设置。一般情况下，叠放层数不宜大于 5 层，吊环向上、标志向外。混凝土养护期未满的应继续洒水养护。

3.2.3.4　预制楼梯或阳台堆放

楼梯或异形构件若需堆置两层，必须考虑支撑稳固性，且高度不宜过高，必要时应设置堆置架以确保堆置安全，如图 3-14 所示。

图 3-13　预制叠合板堆放示意图

图 3-14　楼梯堆放示意图

3.3　构件安装技术

3.3.1　安装前准备

安装前准备包括技术准备、人员安排、现场条件准备、机具及材料准备，其内容同 3.1.3.2 小节。

3.3.2　预制墙板安装

3.3.2.1　**安装流程**

基础清理及定位放线→封浆条及垫片安装→预制墙板吊运→预留钢筋插入就位→墙板调整校正→墙板临时固定→砂浆塞缝→PCF 板吊装固定→连接节点钢筋绑扎→套筒灌浆→连接节点封模→连接节点混凝土浇筑→接缝防水施工。

3.3.2.2　**主要施工工艺**

1. 定位放线

在楼板上根据图纸及定位轴线放出预制墙体定位边线及 200 mm 控制线,同时在预制墙体吊装前,在预制墙体上放出墙体 500 mm 水平控制线,便于预制墙体安装过程中精确定位,如图 3-15 所示。

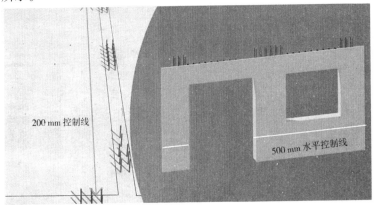

图 3-15　楼板及墙体控制线示意图

2. 调整偏位钢筋

预制墙体吊装前,为了便于预制构件快速安装,使用定位框检查竖向连接钢筋是否偏位,针对偏位钢筋用钢筋套管进行校正,便于后续预制墙体精确安装,如图 3-16 所示。

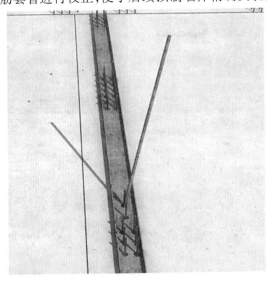

图 3-16　钢筋偏位校正

3. 预制墙体吊装就位

预制墙体吊装时,为了保证墙体构件整体受力均匀,采用专用吊梁(模数化通用吊梁),专用吊梁由 H 型钢焊接而成,根据各预制构件吊装时不同尺寸、不同的起吊点位置,设置模数化吊点,确保预制构件在吊装时吊装钢丝绳保持竖直。专用吊梁下方设置专用吊钩,用于悬挂吊索,进行不同类型预制墙体的吊装。预制墙体专用吊梁、吊钩如图 3-17 所示。

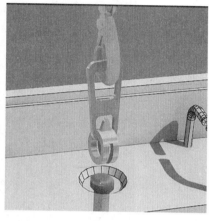

图 3-17　预制墙体专用吊梁、吊钩

预制墙体吊装过程中,距楼板面 1 000 mm 处减缓下落速度,由操作人员引导墙体降落,操作人员利用镜子,观察连接钢筋是否对孔,直至钢筋与套筒全部连接(预制墙体安装时,按顺时针依次安装,先吊装外墙板,后吊装内墙板),如图 3-18 所示。操作工人使用镜子,便于预制墙体精确安装。

图 3-18　钢筋对孔示意图

4. 安装斜向支撑及七字码

预制墙体吊装就位后,先安装斜向支撑,斜向支撑用于固定调节预制墙体,确保预制墙体安装垂直度;再安装七字码,七字码设置于预制墙体的底部,用于加固墙体与主体结构的连接,确保后续灌浆与暗柱混凝土浇筑时不产生位移。墙体通过靠尺校核其垂直度,如有偏位,调节斜向支撑,确保构件的水平位置及垂直度均达到允许误差在 5 mm 之内。相邻墙板构件平整度允许误差为 ±5 mm,此施工过程中要同时检查外墙面上下层的平齐情况,允许误差以不超过 3 mm 为准,如果超过允许误差,要以外墙面上下层错开 3 mm 为准重新进行墙板的水平位置及垂直度调整,最后固定斜向支撑及七字码。垂直度校正及支撑安装如图3-19所示。

图 3-19 垂直度校正及支撑安装

3.3.2.3 预制墙板安装应符合的要求

(1)预制墙板安装应设置临时斜撑,每件预制墙板安装过程的临时斜撑应不少于2道,临时斜撑宜设置调节装置,支撑点位置距离底板不宜大于板高的2/3,且不应小于板高的1/2,斜支撑的预埋件安装、定位应准确。

(2)预制墙板安装时应设置底部限位装置,每件预制墙板底部限位装置不少于2个,间距不宜大于4 m。

(3)临时固定措施的拆除应在预制构件与结构可靠连接,且装配式混凝土结构能达到后续施工要求后进行。

(4)预制墙板安装过程应符合下列规定:

①构件底部应设置可调整接缝间隙和底部标高的垫块。

②钢筋套筒灌浆连接、钢筋锚固搭接连接灌浆前应对接缝周围进行封堵。

③墙板底部采用坐浆时,其厚度不宜大于20 mm。

④墙板底部应分区灌浆,分区长度为1～1.5 m。

(5)预制墙板校核与调整应符合下列规定:

①预制墙板安装垂直度应满足外墙板面垂直为主。

②预制墙板拼缝校核与调整应以竖缝为主,以横缝为辅。

③预制墙板阳角位置相邻的平整度校核与调整,应以阳角垂直度为基准。

3.3.3 预制柱安装

3.3.3.1 安装流程

标高找平→竖向预留钢筋校正→预制柱吊装→柱安装及校正→灌浆施工。

3.3.3.2　主要施工工艺

1. 标高找平

预制柱安装施工前,通过激光扫平仪和钢尺检查楼板面平整度,用铁制垫片使楼层平整度控制在允许偏差范围内。

2. 竖向预留钢筋校正

根据所弹出柱线,采用钢筋限位框,对预留插筋进行位置复核(见图 3-20),对中心位置偏差超过 10 mm 的插筋根据图纸采用冷弯校正,对个别偏差较大的插筋,应将插筋根部混凝土剔凿至有效高度后再进行冷弯矫正,以确保预制柱连接的质量。

图 3-20　柱预留插筋位置复核

3. 预制柱吊装

预制柱吊装采用慢起、快升、缓放的操作方式。塔吊缓缓持力,将预制柱吊离存放架,然后快速运至预制柱安装施工层。在预制柱就位前,应清理柱安装部位基层,然后将预制柱缓缓吊运至安装部位的正上方。

4. 预制柱的安装及校正

塔吊将预制柱下落至设计安装位置,下一层预制柱的竖向预留钢筋与预制柱底部的套筒全部连接,吊装就位后,立即加设不少于 2 根的斜支撑对预制柱临时固定,斜支撑与楼面的水平夹角不应小于 60°。

根据已弹好的预制柱的安装控制线和标高线,用 2 m 长靠尺、吊线锤检查预制柱的垂直度,并通过可调斜支撑微调预制柱的垂直度(见图 3-21),预制柱安装施工时应边安装边校正。

5. 灌浆施工

灌浆前应制订灌浆操作的专项施工方案,灌浆作业应由灌浆工完成,持证上岗,灌浆操作过程应有相应的施工记录,套筒及灌浆料需配套使用。

灌浆作业应按产品要求计量灌浆料和水的用量并搅拌均匀,搅拌时间从开始加水到搅拌结束应不少于 5 min,然后静置 2~3 min;每次拌制的灌浆料拌和物应进行流动度的检测,且其流动度应符合设计要求。搅拌后的灌浆料应在 30 min 内使用完毕。

干硬性水泥砂浆塞缝完成 24 h 后,开始进行套筒灌浆施工。首先用软木塞(橡胶塞)封闭下排浆口,采用机械压力注浆法从下口灌注,灌浆应连续、缓慢、均匀地进行,直至上部排气孔排出柱状浆液后,立即封堵排气孔,持压 30 s 以上,再将灌浆孔封闭,保证灌浆料能

图 3-21　使用斜撑调整预制柱垂直度

充分填充密实。灌浆结束后应及时将灌浆孔及构件表面的浆液清理干净,并将灌浆孔表面抹压平整。

　　灌浆作业应及时做好施工质量检查记录,留存影像资料,并按要求每工作班组制作一组且每层不应少于 3 组 40 mm×40 mm×160 mm 的长方体试件;标准养护 28 d 后进行抗压强度试验,抗压强度应满足设计要求。

　　灌浆后 12 h 内不得使构件和灌浆层受到振动、碰撞;冬季施工时环境温度宜在 5 ℃以上;散落的灌浆料拌和物不得二次使用,剩余的拌和物不得再次添加灌浆料和水后混合使用。

　　当灌浆施工出现无法出浆的情况时,应及时查明原因并采取措施处理;对未密实饱满的灌浆应采取可靠措施处理。

3.3.3.3　预制柱安装应符合的要求

　　(1)预制柱安装前应校核轴线、标高以及连接钢筋的数量、规格、位置。

　　(2)预制柱安装就位后在两个方向应采用可调斜撑作临时固定,并进行垂直度调整以及在柱子四角缝隙处加塞垫片。

　　(3)预制柱的临时支撑,应在套筒连接器内的灌浆料强度达到设计要求后拆除,当设计无具体要求时,混凝土或灌浆料应达到设计强度的 75% 以上方可拆除。

3.3.4　预制梁安装

3.3.4.1　安装流程

　　预制梁进场、验收→按图放线(梁搁剪力墙头边线)→设置梁底支撑→预制梁起吊→预制梁就位微调→接头连接。

3.3.4.2　主要施工工艺

　　1. 定位放线

　　用水平仪抄测出剪力墙顶与梁底标高差,然后在柱上弹出梁边控制线。

　　预制梁安装前应复核剪力墙钢筋与梁钢筋的位置和尺寸,对梁钢筋与柱钢筋安装有冲突的,应按经设计部门确认的技术方案调整。梁柱核心区箍筋安装应按设计文件要求进行。

2. 支撑架搭设

梁底支撑采用钢立杆支撑 + 可调顶托,可调顶托上铺设长 × 宽为 100 mm × 100 mm 木方,预制梁的标高通过支撑体系的顶丝来调节。

临时支撑位置应符合设计要求;设计无要求时,长度≤4 m 时应设置不少于 2 道垂直支撑,长度 >4 m 时应设置不少于 3 道垂直支撑。

梁底支撑标高调整宜高出梁底结构标高 2 mm,应保证支撑充分受力并撑紧支撑架后方可松开吊钩。

叠合梁应根据构件类型、跨度来确定后浇混凝土支撑件的拆除时间,强度达到设计要求后方可承受全部设计荷载。

3. 预制梁吊装

梁吊装顺序应遵循先主梁后次梁、先低后高的原则。

预制梁一般用两点吊,预制梁两个吊点分别位于梁顶两侧距离梁两端 0.2L 梁长位置,由生产构件厂家预留。

现场吊装工具采用双腿锁具或专用吊梁吊住预制梁两个吊点逐步移向拟定位置,人工通过预制梁顶绳索辅助梁就位。

4. 预制梁微调定位

当预制梁初步就位后,两侧借助剪力墙头上的梁定位线将梁精确校正。梁的标高通过支撑体系的顶丝来调节,调平同时需将下部可调支撑上紧,这时方可松去吊钩。

5. 接头连接

混凝土浇筑前应将预制梁两端键槽内的杂物清理干净,并提前 24 h 浇水湿润。

预制梁两端键槽钢筋绑扎时,应确保钢筋位置的准确。

预制梁水平钢筋连接为机械连接、钢套筒灌浆连接或焊接连接。

3.3.4.3　预制梁安装应符合的要求

(1)梁吊装顺序应遵循先主梁后次梁、先低后高的原则。

(2)预制梁安装前应测量并修正柱顶标高,确保与梁底标高一致,柱上弹出梁边控制线。

(3)预制梁安装前应复核柱钢筋与梁钢筋的位置和尺寸,对梁钢筋与柱钢筋安装有冲突的,应按经设计部门确认的技术方案调整。梁柱核心区箍筋安装应按设计文件要求进行。

(4)预制梁安装过程应设置临时支撑,并应符合下列规定:

①临时支撑位置应符合设计要求;设计无要求时,长度≤4 m 时应设置不少于 2 道垂直支撑,长度 >4 m 时应设置不少于 3 道垂直支撑。

②梁底支撑标高调整宜高出梁底结构标高 2 mm,应保证支撑充分受力并撑紧支撑架后方可松开吊钩。

③叠合梁应根据构件类型、跨度来确定后浇混凝土支撑件的拆除时间,强度达到设计要求后方可承受全部设计荷载。

(5)预制梁安装就位后应对水平度、安装位置、标高进行检查。根据控制线对梁端和两侧进行精密调整,误差控制在 2 mm 以内。

(6)预制梁安装时,主梁和次梁伸入支座的长度与搁置长度应符合设计要求。

（7）预制次梁与预制主梁之间的凹槽应在预制楼板安装完成后,采用不低于预制梁混凝土强度等级的材料填实。

（8）梁吊装前柱核心区内先安装一道柱箍筋,梁就位后再安装两道柱箍筋,之后才可进行梁、墙吊装;否则,柱核心区质量无法保证。

（9）梁吊装前应将所有梁底标高进行统计,有交叉部分梁吊装方案根据先低后高进行安排施工。

（10）凸窗、阳台、楼梯、部分梁构件等同一构件上吊点高低有不同的,低处吊点采用葫芦进行拉接,起吊后调平,落位时采用葫芦紧密调整标高。

3.3.5 预制楼板安装

3.3.5.1 安装流程

预制板进场、验收→放线→搭设板底独立支撑→预制板吊装→预制板就位→预制板校正定位。

3.3.5.2 主要施工工艺

1. 定位放线

预制墙体安装完成后,由测量人员根据预制叠合板板宽放出独立支撑定位线,并安装独立支撑,同时根据叠合板分布图及轴网,利用经纬仪在预制墙体上放出板缝位置定位线,板缝定位线允许误差 ± 10 mm,如图 3-22 所示。

图 3-22 预制楼板定位线

2. 板底支撑架搭设

支撑架体应具有足够的承载能力、刚度和稳定性,应能可靠地承受混凝土构件的自重和施工过程中所产生的荷载及风荷载,支撑立杆下方应铺 50 mm 厚木板。

确保支撑系统的间距及距离墙、柱、梁边的净距符合系统验算要求,上下层支撑应在同一直线上。

在可调节顶撑上架设木方,调节木方顶面至板底设计标高,开始吊装预制楼板。

3. 预制楼板吊装就位

为了避免预制楼板吊装时因受集中应力而造成叠合板开裂,预制楼板吊装宜采用专用吊架。预制楼板吊装示意图如图 3-23 所示。

图 3-23　预制楼板吊装示意图

预制叠合板吊装过程中,在作业层上空 500 mm 处减缓降落,由操作人员根据板缝定位线,引导楼板降落至独立支撑上。及时检查板底与预制叠合梁或剪力墙的接缝是否到位,预制楼板钢筋深入墙长度是否符合要求,直至吊装完成。

4. 预制板调整定位

根据预制墙体上水平控制线及竖向板缝定位线,校核叠合板水平位置及竖向标高情况,通过调节竖向独立支撑,确保叠合板满足设计标高要求;通过撬棍(撬棍配合垫木使用,避免损坏板边角)调节叠合板水平位移,确保叠合板满足设计图纸水平分布要求。预制板调整定位如图 3-24 所示。

图 3-24　预制板调整定位

3.3.5.3 预制楼板安装应符合的要求

（1）构件安装前应编制支撑方案,支撑架体宜采用可调工具式支撑系统,首层支撑架体的地基必须坚实,架体必须有足够的强度、刚度和稳定性。

（2）板底支撑间距不应大于 2 m,每根支撑之间高差不应大于 2 mm,标高偏差不应大于 3 mm,悬挑板外端比内端支撑宜调高 2 mm。

（3）预制楼板安装前,应复核预制板构件端部和侧边的控制线以及支撑搭设情况是否满足要求。

（4）预制楼板安装应通过微调垂直支撑来控制水平标高。

（5）预制楼板安装时,应保证水电预埋管(孔)位置准确。

（6）预制楼板吊至梁、墙上方 30 ~ 50 cm 后,应调整板位置使板锚固筋与梁箍筋错开,根据梁、墙上已放出的板边和板端控制线,准确就位,偏差不得大于 2 mm,累计误差不得大于 5 mm。板就位后调节支撑立杆,确保所有立杆全部受力。

（7）预制叠合楼板吊装顺序依次铺开,不宜间隔吊装。在混凝土浇筑前,应校正预制构件的外露钢筋,外伸预留钢筋伸入支座时,预留筋不得弯折。

（8）相邻叠合楼板间拼缝及预制楼板与预制墙板位置拼缝应符合设计要求并有防止裂缝的措施。施工集中荷载或受力较大部位应避开拼接位置。

3.3.6 预制外挂板安装

3.3.6.1 施工流程

结构标高复核→预埋连接件复检→预制外挂板起吊及安装→安装临时承重铁件及斜撑→调整预制外挂板位置、标高、垂直度→安装永久连接件→吊钩解钩。

3.3.6.2 主要施工工艺

1. 临时承重件

预制外挂板吊装就位后,在调整好位置和垂直度前,需要通过临时承重铁件进行临时支撑,铁件同时还起到控制吊装标高的作用。临时铁件就位如图3-25所示。

2. 预制外挂板永久连接

预制外挂板通过预埋铁件与下层结构连接起来,连接形式为焊接及螺栓连接。临时铁件与预制外挂板连接如图3-26所示。

3. 预制外挂板安装应符合的要求

（1）起吊:构件起吊时要严格执行"333制",即先将预制外挂板吊至距离地面300 nm的位置后停稳30 s,相关人员要确认构件是否水平,如果发现构件倾斜,要停止吊装,放回原来位置重新调整,以确保构件能够水平起吊。另外,还要确认吊具连接是否牢靠,钢丝绳有无交错等。确认无误后,可以起吊,所有人员远离构件3 m 远。

（2）下降:构件吊至预定位置附近后,缓缓下放,在距离作业层上方500 mm 处停止。吊装人员用手扶预制外挂板,配合起吊设备将构件水平移动至构件吊装位置。就位后缓慢下放,吊装人员通过地面上的控制线,将构件尽量控制在边线上。若偏差较大,需重新吊起距地面50 mm 处,重新调整后再次下放,直到基本达到吊装位置。

图 3-25 临时铁件就位

图 3-26 临时铁件与预制外挂板连接

（3）调整：构件就位后，需要进行测量确认，测量指标主要有高度、位置、倾斜度。调整顺序建议按"先高度再位置后倾斜度"的顺序进行调整。

预制外挂板安装示意图如图 3-27 所示。

图 3-27 预制外挂板安装示意图

3.3.7 内隔墙板安装

内隔墙板安装工艺流程与外墙板大致相同，但有需要特别注意的几点：

（1）内隔墙板也采用硬塑垫块进行找平，并在 PC 构件安装之前进行聚合物砂浆坐浆处理，坐浆密实均匀，一旦墙板就位，聚合物砂浆就把墙板和基层之间的缝有效密实。

（2）安装时应注意墙板上预留管线以及预留洞口有无偏差，如发现有偏差而吊装完后又不好处理的，应先处理，后安装就位。

（3）墙板落位时注意编号位置以及正反面（箭头方向为正面）。根据楼面上所标示的垫块厚度与位置选择合适的垫块将墙板垫平，就位后将墙板底部缝隙用砂浆填塞满。

（4）墙板就位时应注意墙板上管线预留孔洞与楼面现浇部分预留管线的对接位置是否准确，如有偏差，墙板应先不要落位，应通知水电安装人员及时处理。

（5）墙板处两端有柱或暗柱时注意：如墙板先于柱或暗柱钢筋施工，应将柱或暗柱箍筋先套入柱主筋内，否则将会增加钢筋施工难度。如柱钢筋先于梁施工，柱箍筋应只绑扎到梁底位置，否则墙板无法就位。墙板暗梁底部纵向钢筋必须放置在柱或剪力墙纵向钢筋内侧。

（6）模板安装完后，应全面检查墙板的垂直度以及位移偏差，以免安装模板时将墙板移动。

3.3.8 预制楼梯安装

3.3.8.1 施工流程

预制楼梯进场、验收→放线→垫片及坐浆料施工→预制楼梯吊装→预制楼梯校正→预制楼梯固定。

3.3.8.2 主要施工工艺

1. 放线定位

楼梯间周边梁板叠合层混凝土浇筑完工后，测量并弹出相应楼梯构件端部和侧边的控制线，楼梯控制线如图 3-28 所示。

图 3-28　楼梯控制线

2. 预制楼梯吊装

预制楼梯一般采用四点吊，配合倒链下落就位调整索具铁链长度，使楼梯段休息平台处于水平位置，试吊预制楼梯板，检查吊点位置是否准确、吊索受力是否均匀等，试起吊高度不应超过 1 m。

预制楼梯吊至梁上方 300 ~ 500 mm 后，调整预制楼梯位置，使上下平台锚固筋与梁箍筋错开，板边线基本与控制线吻合。预制楼梯吊装示意图如图 3-29 所示。

根据已放出的楼梯控制线，将构件根据控制线精确就位，先保证楼梯两侧准确就位，再使用水平尺和倒链调节楼梯水平。

3.3.8.3 预制楼梯安装应符合的要求

（1）预制楼梯安装前应复核楼梯的控制线及标高，并做好标记。

（2）预制楼梯支撑应有足够的强度、刚度及稳定性，楼梯就位后调节支撑立杆，确保所有立杆全部受力。

（3）预制楼梯吊装应保证上下高差相符，顶面和底面平行，便于安装。

图 3-29　预制楼梯吊装示意图

（4）预制楼梯安装位置准确，当采用预留锚固钢筋方式安装时，应先放置预制楼梯，再与现浇梁或板浇筑连接成整体，并保证预埋钢筋锚固长度和定位符合设计要求。当预制楼梯与现浇梁或板之间采用预理件焊接或螺栓杆连接方式时，应先施工现浇梁或板，再搁置预制楼梯进行焊接或螺栓孔灌浆连接。

3.3.9　其他预制构件安装

3.3.9.1　预制阳台板安装应符合的要求

（1）预制阳台板安装前，测量人员根据阳台板宽度，放出竖向独立支撑定位线，并安装独立支撑，同时在预制叠合板上放出阳台板控制线。

（2）当预制阳台板吊装至作业面上空 500 mm 时，减缓降落，由专业操作工人稳住预制阳台板，根据叠合板上控制线，引导预制阳台板降落至独立支撑上，根据预制墙体上水平控制线及预制叠合板上控制线，校核预制阳台板水平位置及竖向标高情况，通过调节竖向独立支撑，确保预制阳台板满足设计标高要求；通过撬棍（撬棍配合垫木使用，避免损坏板边角）调节预制阳台板水平位移，确保预制阳台板满足设计图纸水平分布要求。

（3）预制阳台板定位完成后，将阳台板钢筋与叠合板钢筋焊接固定（需满足单面焊 $10d$ 或双面焊 $5d$），预制构件固定完成后，方可摘除吊钩。

3.3.9.2　预制空调板安装应符合的要求

（1）预制空调板吊装时，板底应采用临时支撑措施。

（2）预制空调板与现浇结构连接时，预留锚固钢筋应伸入现浇结构部分，并应与现浇结构连成整体。

（3）预制空调板采用插入式吊装方式时，连接位置应设预埋连接件，并应与预制外挂板的预埋连接件连接，空调板与外挂板交接的四周防水槽口应嵌填防水密封胶。

3.4　构件连接技术

3.4.1　基本要求

预制构件节点的钢筋连接应满足现行行业标准《钢筋机械连接技术规程》（JGJ 107—2016）中Ⅰ级接头的性能要求，并应符合现行国家相关标准的规定。

应对连接件、焊缝、螺栓或铆钉等紧固件在不同设计状况下的承载力进行验算，并应符合现行国家标准《钢结构设计规范》（GB 50017—2003）和《钢结构焊接规范》（GB 50661—2011）等的规定。

预制楼梯与支承构件之间宜采用简支连接。采用简支连接时，应符合下列规定：

（1）预制楼梯宜一端设置固定铰，另一端设置滑动铰，其转动及滑动变形能力应满足结构层间位移的要求。

（2）预制楼梯设置滑动铰的端部应采取防止滑落的构造措施。

3.4.2　预制构件的连接种类

预制构件的连接种类主要有套筒灌浆连接、直螺纹套筒连接、浆锚连接、牛担板连接以及螺栓连接。

3.4.3　套筒灌浆连接

套筒灌浆连接技术是通过灌浆料的传力作用将钢筋与套筒连接形成整体，套筒灌浆连接分为全灌浆套筒连接和半灌浆套筒连接，套筒设计符合《钢筋连接用灌浆套筒》（JG/T 398—2012）要求，接头性能达到《钢筋机械连接技术规程》（JGJ 107—2016）规定最高级——Ⅰ级。

3.4.3.1　半灌浆套筒连接技术

半灌浆套筒接头一端采用灌浆方式连接，另一端采用非灌浆方式连接钢筋的灌浆套筒，通常采用螺纹连接，如图 3-30 所示。

半灌浆套筒连接可连接 HRB335 和 HRB400 带肋钢筋，连接钢筋直径范围为 $\phi 12 \sim 40$ mm，机械连接段的钢筋丝头加工、连接安装、质量检查应符合现行行业标准《钢筋机械连接技术规程》（JGJ 107—2016）的有关规定。

半灌浆连接的优点：

（1）外径小，对剪力墙、柱都适用。

（2）与全灌浆套筒相比，半灌浆套筒长度能显著缩短（约 1/3），现场灌浆工作量减半，灌浆高度降低，能降低对构件接缝处密封的难度。

（3）工厂预制时钢套筒与钢筋的安装固定也比全灌浆套筒相对容易。

半灌浆套筒和外露钢筋的允许偏差见表 3-1。

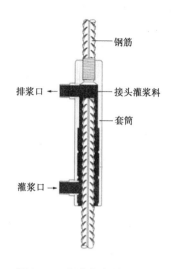

图 3-30　半灌浆套筒示意图

表 3-1　半灌浆套筒和外露钢筋的允许偏差

项目		允许偏差(mm)	检查方法
灌浆套筒中心位置		+2.0	
外露钢筋	中心位置	+2.0	尺量
	外露长度	+10.0	

3.4.3.2　全灌浆套筒连接技术

全灌浆套筒连接是两端均采用灌浆方式连接钢筋的灌浆套筒,如图 3-31 所示。全灌浆连接接头性能达到《钢筋机械连接技术规程》(JGJ 107—2016)规定的最高级——Ⅰ级。目前可连接 HRB335 和 HRB400 带肋钢筋,连接钢筋直径范围为 ϕ12～40 mm。

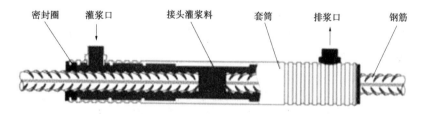

图 3-31　全灌浆套筒示意图

全灌浆套筒在构件厂内与钢筋连接时,钢筋应与套筒逐根插入,插入深度应满足设计及规范要求。钢筋与全灌浆套筒通过橡胶塞进行临时固定,避免混凝土浇筑、振捣时套筒和连接钢筋移位,同时防止混凝土向灌浆套筒内漏浆。

全灌浆套筒和外露钢筋的允许偏差同半灌浆套筒。

3.4.3.3　套筒灌浆施工

预制竖向承重构件采用套筒灌浆连接方式,所采取的灌浆工艺基本为分仓灌浆法和坐浆灌浆法,套筒灌浆施工流程为:

构件接触面凿毛→分仓/坐浆→安装钢垫片→吊装预制构件→灌浆作业。

（1）预制构件接触面现浇层应进行凿毛或拉毛处理,其粗糙面不应小于4 mm,预制构件自身接触粗糙面应控制在6 mm左右。

（2）灌浆方法。①分仓法:竖向预制构件安装前宜采用分仓法灌浆,分仓应采用坐浆料或封浆海绵条进行分仓,分仓长度不应大于1.5 m,分仓时应确保密闭空腔,不应漏浆。②坐浆法:竖向预制构件安装前可采用坐浆法灌浆,坐浆法是采用坐浆料将构件与楼板之间的缝隙填充密实,然后对预制竖向构件进行逐一灌浆,坐浆料强度应大于预制墙体混凝土强度。

（3）安装钢垫片。预制竖向构件与楼板之间通过钢垫片调节预制构件竖向标高,钢垫片一般选择50 mm×50 mm,厚度为1 mm、2 mm、3 mm、5 mm、10 mm,用于调节构件标高。

（4）预制构件吊装。

（5）灌浆作业。套筒灌浆连接应采用由接头形式检验确定相匹配的灌浆套筒、灌浆料。套筒灌浆前应确保底部坐浆料达到设计强度（一般为24 h）,避免套筒压力注浆时出现漏浆现象,灌浆料初始流动性需满足≥300 mm、30 min流动性需满足≥260 mm,同时每个班组施工时留置1组试件,每组试件3个试块,分别用于1 d、3 d、28 d抗压强度试验,试块规格为40 mm×40 mm×160 mm,灌浆料3 h竖向膨胀率需满足≥0.02%,灌浆料检测完成后,开始灌浆施工。

套筒灌浆时,灌浆料使用温度不宜低于5 ℃,灌浆压力为1.2 MPa,灌浆料从下排孔开始灌浆,待灌浆料从上排孔流出时,封堵上排流浆孔,直至封堵最后一个灌浆孔后,持压30 s,确保灌浆质量,套筒及灌浆料需配套使用。

3.4.4　直螺纹套筒连接

3.4.4.1　基本原理

直螺纹套筒连接接头施工工艺原理是将钢筋待连接部分剥肋后滚压成螺纹,利用连接套筒进行连接,使钢筋丝头与连接套筒连接为一体,从而实现了等强度钢筋连接。直螺纹套筒连接的种类主要有冷镦粗直螺纹、热镦粗直螺纹、直接滚压直螺纹、挤（碾）压肋滚压直螺纹。

3.4.4.2　材料与机械设备

1. 材料准备

（1）钢套筒应具有出厂合格证。套筒的力学性能必须符合规定,表面不得有裂纹、折叠等缺陷。套筒在运输、储存中,应按不同规格分别堆放,不得露天堆放,防止锈蚀和沾污。

（2）钢筋必须符合国家标准设计要求,还应有产品合格证、出厂检验报告和进场复验报告。

2. 施工机具

钢筋直螺纹剥肋滚丝机、力矩扳手、牙型规、卡规、直螺纹塞规。

3.4.4.3　注意事项

（1）钢筋先调直再下料,切口端面与钢筋轴线垂直,不得有马蹄形或挠曲,不得用气割下料。

（2）钢筋下料及螺纹加工时需符合下列规定:

①设置在同一个构件内的同一截面受力钢筋的位置应相互错开。在同一截面接头百分

率不应超过 50%。

②钢筋接头端部距钢筋受弯点不得小于钢筋直径的 10 倍长度。

③钢筋连接套筒的混凝土保护层厚度应满足现行国家标准《混凝土结构设计规范》（GB 50010—2010）中的相应规定且不得小于 15 mm，连接套之间的横向净距不宜小于 25 mm。

④钢筋端部平头使用钢筋切割机进行切割，不得采用气割。切口断面应与钢筋轴线垂直。

⑤按照钢筋规格所需要的调试棒调整好滚丝头内控最小尺寸。

⑥按照钢筋规格更换涨刀环，并按规定丝头加工尺寸调整好剥肋加工尺寸。

⑦调整剥肋挡块及滚扎行程开关位置，保证剥肋及滚扎螺纹长度符合丝头加工尺寸的规定。

⑧丝头加工时应用水性润滑液，不得使用油性润滑液。当气温低于 0 ℃时，应掺入 15% ~ 20% 亚硝酸钠。严禁使用机油做切割液或不加切割液加工丝头。

⑨钢筋丝头加工完毕经检验合格后，应立即带上丝头保护帽或拧上连接套筒，防止装卸钢筋时损坏丝头。

（3）钢筋连接时需符合以下规定：

①连接钢筋时，钢筋规格和连接套筒规格应一致，并确保钢筋和连接套的丝扣干净、完好无损。

②连接钢筋时应对准轴线将钢筋拧入连接套中。

③必须用力矩扳手拧紧接头。力矩扳手的精度为 ±5%，要求每半年用扭力仪检定一次。力矩扳手不使用时，将其力矩值调整为零，以保证其精度。

④连接钢筋时应对正轴线将钢筋拧入连接套中，然后用力矩扳手拧紧。接头拧紧值应满足表 3-2 规定的力矩值，不得超拧，拧紧后的接头应做上标记，防止钢筋接头漏拧。

⑤钢筋连接前要根据所连接直径的需要将力矩扳手上的游动标尺刻度调定在相应的位置上，即按规定的力矩值，使力矩扳手钢筋轴线均匀加力。当听到力矩扳手发出"咔嚓"声响时即停止加力（否则会损坏扳手）。

⑥连接水平钢筋时必须依次从一头往另一头连接，不得从两边往中间连接，连接时一定要两人面对面站立，一人用扳手卡住已连接好的钢筋，另一人用力矩扳手拧紧待连接钢筋，按规定的力矩值进行连接，这样可避免弄坏已连接好的钢筋接头。

⑦使用扳手对钢筋接头拧紧时，只要达到力矩扳手调定的力矩值即可，拧紧后按表 3-2 检查。

表 3-2　直螺纹钢筋接头拧紧力矩值

序号	钢筋直径（mm）	拧紧力矩值（N·m）
1	≤16	100
2	16 ~ 20	200
3	22 ~ 25	260
4	28 ~ 32	320

⑧接头拼接完成后,应使两个丝头在套筒中央位置相互顶紧,套筒的两端不得有一口以上的完整丝扣外露,加长型接头的外露扣数不受限制,但有明显标记,以检查进入套筒的丝头长度是否满足要求。

3.4.5 浆锚连接

3.4.5.1 基本原理

浆锚连接是一种安全可靠、施工方便、成本相对较低的可保证钢筋之间力的传递的有效连接方式。在预制柱、预制剪力墙内插入预埋专用螺旋棒,在混凝土初凝之后旋转取出,形成预留孔道,下部钢筋插入预留孔道,在孔道外侧钢筋连接范围外侧设置附加螺旋箍筋,下部预留钢筋插入预留孔道,然后在孔道内注入微膨胀高强灌浆料形成的连接方式。

纵向钢筋采用浆锚搭接连接时,对预留孔成孔工艺、孔道形状和长度、构造要求、灌浆料和被连接的钢筋,应进行力学性能以及适用性的实验验证。直径大于 20 mm 的钢筋不宜采用浆锚搭接连接,直接承受动力荷载构件的纵向钢筋不应采用浆锚搭接连接。

3.4.5.2 钢筋浆锚连接的性能要求

钢筋浆锚连接用灌浆料性能可参照现行行业标准《装配式混凝土结构技术规程》(JGJ 1—2014)的要求执行,具体性能要求见表 3-3。

表 3-3 钢筋浆锚连接用灌浆料性能要求

项目	指标名称	指标性能
泌水率(%)		0
流动度(mm)	初始值	≥200
	30 min 保留值	≥150
竖向膨胀率(%)	3 h	≥0.02
	24 h 与 3 h 的膨胀值之差	0.02 ~ 0.5
抗压强度(MPa)	1 d	≥30
	3 d	≥50
	28 d	≥70
与钢筋的锈蚀作用		无

3.4.5.3 浆锚灌浆连接施工要点

(1)因设计上对抗震等级和高度上有一定的限制,此连接方式在预制剪力墙体系中预制剪力墙的连接使用较多,预制框架体系中的预制立柱的连接一般不宜采用。约束浆锚搭接连接主要缺点是预埋螺旋棒必须在混凝土初凝后取出来,须对取出时间、操作规程掌握得非常好,时间早了易塌孔,时间晚了预埋棒取不出来。因此,成孔质量很难保证,如果孔壁出现局部混凝土损伤(微裂缝),对连接质量有影响。比较理想的做法是预埋棒刷缓凝剂,成型后冲洗预留孔,但应注意孔壁冲洗后是否满足约束浆锚连接的相关要求。

（2）注浆时可在一个预留孔上插入连通管，可以防止由于孔壁吸水导致灌浆料的体积收缩，连通管内灌浆料回灌，保持注浆部位充满。此方法套筒灌浆连接时同样适用。

3.4.6　牛担板连接

3.4.6.1　基本原理

牛担板的连接方式是采用整片钢板为主要连接件，通过栓钉与混凝土的连接构造来传递剪力，主要应用于主次梁的连接。牛担板示意图如图 3-32 和图 3-33 所示。

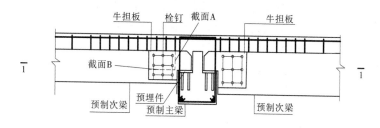

图 3-32　牛担板示意图 1

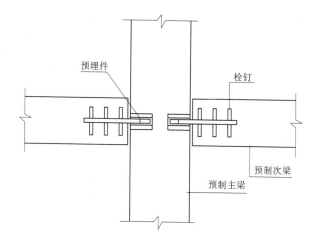

图 3-33　牛担板示意图 2

3.4.6.2　设计要点

牛担板宜选用 Q235B 钢；次梁端部应伸出牛担板且伸出长度不小于 30 mm；牛担板在次梁内置长度不小于 100 mm，在次梁内的埋置部分两侧应对称布置抗剪栓钉，栓钉直径及数量应根据计算确定；牛担板厚度不应小于栓钉直径的 60%；次梁端部 1.5 倍梁高范围内，箍筋间距不应大于 100 mm。预制主梁与牛担板连接处应采用企口，企口下方应设置预埋件。安装完成后，企口内应采用灌浆料填实。

牛担板企口接头的承载力验算应符合下列规定：

（1）牛担板企口接头应能够承受施工及使用阶段的荷载。

（2）应验算牛担板截面 A 处在施工及使用阶段的抗弯、抗剪强度。

（3）应验算牛担板截面 B 处在施工及使用阶段的抗弯强度。

（4）应验算凹槽内部灌浆料未达到设计强度前，牛担板外挑部分的稳定承载力。

（5）各栓钉承受的剪力可参照高强度螺栓群剪力计算公式计算，栓钉规格应根据计算剪力确定。

（6）应验算牛担板搁置处的局部受压承载力。

3.4.7　螺栓连接

螺栓连接是用螺栓和预埋件将预制构件与预制构件或预制构件与主体结构进行连接。前面介绍的套筒灌浆连接、浆锚搭接连接等都属于湿连接，螺栓连接属于干连接。

3.4.7.1　螺栓连接在装配整体式混凝土结构建筑中的应用

装配整体式混凝土结构中，螺栓连接仅用于外挂板和楼梯等非主体结构构件的连接。

外挂板的安装节点是螺栓连接，如图 3-34 所示。

楼梯与主体结构的连接方式之一是螺栓连接，如图 3-35 所示。

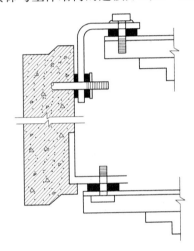

图 3-34　外挂板连接示意图

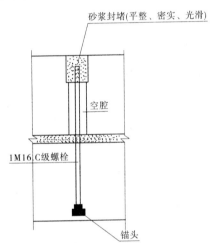

注：梯梁及挑耳的截面与配筋需要设计人自
　　行设计，挑耳高度同时应满足建筑要求。

图 3-35　楼梯连接示意图

3.4.7.2　螺栓连接在全装配式混凝土结构中的应用

螺栓连接是全装配式混凝土结构的主要连接方式，可以连接结构柱、梁。非抗震设计或低抗震设防烈度设计的低层或多层建筑，当采用全装配式混凝土结构时，可用螺栓连接主体结构。

3.5　接缝防水施工

装配整体式混凝土结构由于采用大量现场拼装的构配件会留下较多的拼装接缝，这也造成接缝很容易成为水流渗透的通道，从而对室外的外挂板或剪力墙防水提出了很高的要求。

3.5.1　防水设计

防水构造失败的原因共有五种(见图 3-36 ～ 图 3-40):①雨水在重力的作用下沿外墙板接缝流入室内。②雨水在水滴自身表面张力的作用下沿外墙板接缝流入室内。③雨水在毛细管作用下沿外墙板接缝流入室内。④雨水从高空中落下时势能转化成动能,雨水依靠自身动能沿外墙板接缝流入室内。⑤当室内气压与室外气压不相等时会形成气压差,雨水在压力作用下沿外挂板接缝流入室内。

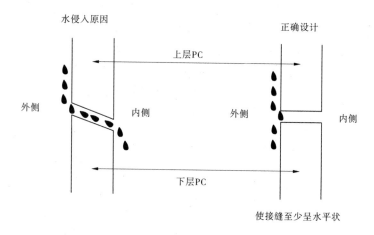

图 3-36　重力作用

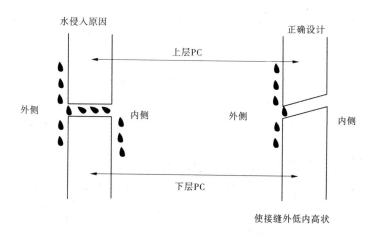

图 3-37　表面张力

3.5.1.1　**外挂板防水设计**

正确的外挂板防水设计应该是针对上述防水构造失败的五种原因提出的。①封闭式防水构造(CLOSE JOINT)(见图 3-41 和图 3-42):在水平缝中采用企口、外打胶、内防水密封条的方式进行防水;在竖向缝中采用减压仓、外打胶、内防水密封条的方式进行防水。②开放式防水构造(OPEN JOINT)(见图 3-43 和图 3-44):在水平缝中采用企口、外防水橡胶、内防

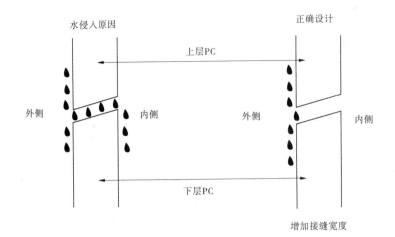

图 3-38　毛细管作用

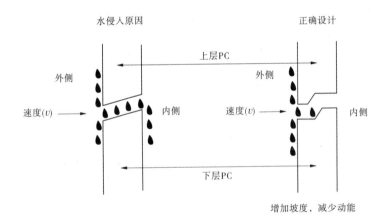

图 3-39　依靠动能流入室内

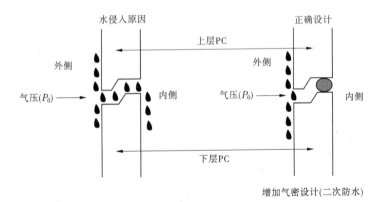

图 3-40　气压差的作用

水密封条的方式进行防水;在竖向缝中采用减压仓、外防水橡胶、内防水密封条的方式进行防水。

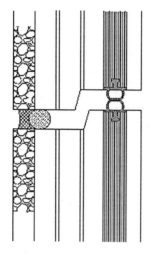

图 3-41　封闭式水平缝防水构造

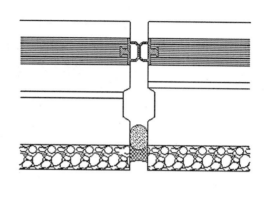

图 3-42　封闭式竖向缝防水构造

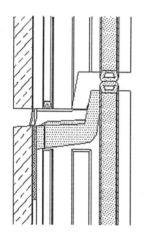

图 3-43　开放式水平缝防水构造

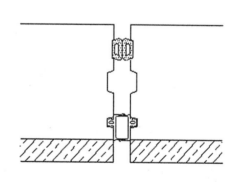

图 3-44　开放式竖向缝防水构造

3.5.1.2　剪力墙防水设计

剪力墙防水构造(见图 3-45 和图 3-46):在水平接缝中采用内打胶,内结构防水;在竖向接缝中采用外打胶,内结构防水。

3.5.2　接缝材料

预制外挂板接缝所用的防水密封材料应选用耐候性密封胶,密封胶应与混凝土具有相容性,并具有防水密封胶性能及低温柔性、防霉性等性能。其最大伸缩变形量、剪切变形性等均应满足设计要求。预制构件的接缝材料分主材和辅材两部分,辅材根据选用的主材确

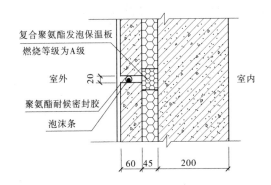

图 3-45　水平接缝防水构造

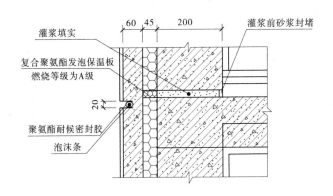

图 3-46　竖向接缝防水构造

定。主材密封胶是一种可追随密封面形状而变形,不易流淌,有一定黏结性的密封材料。预制构件接缝使用的建筑密封胶,按其组成大致可分为聚硫胶、变性硅胶、硅酮胶、聚氨酯填缝剂,并符合以下规定:

(1)接缝材料应与混凝土具有相容性,以及规定的抗剪切和伸缩变形能力;接缝材料应具有防霉、防水、防火、耐候等性能。

(2)硅酮胶、聚氨酯、聚硫胶建筑密封胶应分别符合现行国家标准《硅酮建筑密封胶》(GB/T 14683—2003)和现行行业标准《聚氨酯建筑密封胶》(JC/T 482—2003)、《聚硫建筑密封胶》(JC/T 483—2006)的规定。

(3)其性能满足现行行业标准《混凝土建筑接缝用密封胶》(JC/T 881—2001)的规定,如表 3-4 所示。

(4)接缝中的背衬材料应采用发泡氯丁橡胶或聚乙烯塑料棒。

表 3-4 中,SR:SILICONERUBBERSEALANT(硅酮胶填缝剂);MS:MODIFIEDSILICONE-RUBBERSEALANT(变性硅胶填缝剂);PS:POLYSULFIDERUBBERSEALANT(聚硫胶填缝剂);PU:POLYURETHANESEALANT(聚氨酯填缝剂)。

表3-4 常用建筑密封胶性能对照

	比较项目	二液型 PU	二液型 PS	二液型 SR	二液型 MS
施工性	混炼性	○ 容易混合	○ 容易混合	○ 容易混合	◎ 最易混合
	寒冬期作业性	△～○ 困难	△～○ 困难	◎ 良好	◎ 良好
环境适应性	硬化中,高温、多湿对物性的影响	×～○ 易受影响	○ 不受影响	×～○ 易受影响	○ 不受影响
	硬化中,伸缩缝位移对物性的影响	△ 易受影响	△ 易受影响	○ 不受影响	○ 不受影响
耐久性	安定性	○ 安定	○～◎ 佳	×～○ 不安定	○～◎ 佳
	耐候性	△ 容易热老化	○ 佳	◎ 最优	◎ 优
	耐动态的疲劳性	○ 佳	△～○ 易疲劳	◎ 最优	○～◎ 优
外观性	耐吸尘性	△～○ 无积尘现象	◎ 不吸附粉尘	△ 积尘现象最明显	△～○ 无积尘现象
	对石材的污染性	△～○	○～◎	× 会污染石材	○ 不污染石材
	涂料的附着性	◎ 优	○ 佳	× 无法附着	◎ 优
适应部位	预制混凝土板外幕墙	△～○ 低层建筑	○～◎ 低层—中高层	△～◎ 低层—超高层污染石材、磁砖	○～◎ 低层—超高层
	金属外幕墙	× 不适合	△～○ 低层—中层注意伸缩缝宽度	◎ 低层—超高层	◎ 低层—超高层
	玻璃外幕墙	× 不适合	○ 适合	◎ 最适合	○ 适合
	钢筋混凝土(RC)建筑、ALC 伸缩缝、磁砖伸缩缝	○ 适合	○ 适合	×～△ 注意污染、含水率及涂料附着性	◎ 最适合
	石材伸缩缝	○	◎	×	○
	经济性	◎ 便宜	○ 适中	△ 贵	○ 适中

注: ◎佳 ○普通 △欠佳 ×劣。

3.5.3 接缝

3.5.3.1 接缝种类

接缝种类包括对接（板间）、搭接（板间）、偶接、复合接（玻璃安装）。

（1）遇有交叉接缝部位，应先从纵向施工，再从单一方向着手。

（2）填缝施工暂时告一段落时，若正好停止于交叉部，其停止位置最好距离交叉部 10 ~ 20 cm 为宜。

（3）填缝剂未硬化时，若要继续施工，其接头处可将枪嘴直接插入填缝剂中继续施工。若填缝剂已硬化，可将已硬化部分斜切，使露出新断面，先涂以底剂再继续施工。

3.5.3.2 正确断面比例

充填后的填缝材为求最佳的应力分布面积，宽深比（D/W）要符合下述范围：

（1）当 $W < 8$ mm 时，$1 < \dfrac{D}{W} \leqslant \dfrac{3}{2}$。

（2）当 $W \geqslant 8$ mm 时，$\dfrac{1}{2} \leqslant \dfrac{D}{W} \leqslant 1$。

3.6 结构现浇部位施工

3.6.1 现场钢筋施工

装配式结构现场钢筋施工主要集中在预制梁柱节、墙板现浇节点部位以及楼板、阳台叠合层部位，但由于国内装配式结构起步较晚，多数一线工人对相关施工知识及技术尚不熟悉，因此施工单位编制的钢筋施工方案或专项方案中应体现此部分内容。除此之外，在施工方案交底及现场技术交底环节也应着重强调。

3.6.1.1 预制柱现场钢筋施工

梁柱节点处的钢筋在吊完叠合板后即可绑扎，柱头节点钢筋的形式和施工方法与传统现浇钢筋绑扎的方法相同。梁柱节点钢筋绑扎如图 3-47 所示。

3.6.1.2 预制梁现场钢筋施工

预制梁上部受力钢筋的形式和施工方法与传统现浇钢筋绑扎的方法相同，预制梁的箍筋分整体封闭箍（见图 3-48）和组合封闭箍（见图 3-49）。

3.6.1.3 预制墙板现场钢筋施工

1. 钢筋连接

竖向钢筋连接宜根据接头受力、施工工艺、施工部位等要求选用机械连接、焊接连接、绑扎搭接等连接方式，并应符合国家现行有关标准的规定。接头位置应设置在受力较小处。

图 3-47　梁柱节点钢筋绑扎

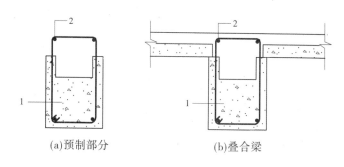

(a)预制部分　　　　　　　(b)叠合梁

1—预制梁;2—上部纵向钢筋

图 3-48　整体封闭箍示意图

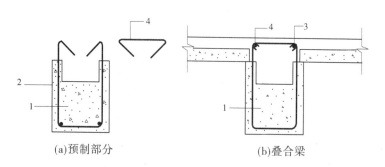

(a)预制部分　　　　　　　(b)叠合梁

1—预制梁;2—开口箍筋;3—上部纵向钢筋;4—箍筋帽

图 3-49　组合封闭箍示意图

2. 钢筋连接工艺流程

钢筋连接工艺为:套暗柱箍筋→连接竖向受力筋→在对角主筋上画箍筋间距线→绑箍筋。

3.钢筋连接施工

(1)装配式剪力墙结构暗柱节点主要有一字形(见图3-50)、L形(见图3-51)和T形(见图3-52)几种形式。由于两侧的预制墙板均有外伸钢筋,因此暗柱钢筋的安装难度较大。需要在深化设计阶段及构件生产阶段就进行暗柱节点钢筋穿插顺序分析研究,发现无法实施的节点,及早与设计单位进行沟通,避免现场施工时出现箍筋安装困难或临时切割的现象发生。

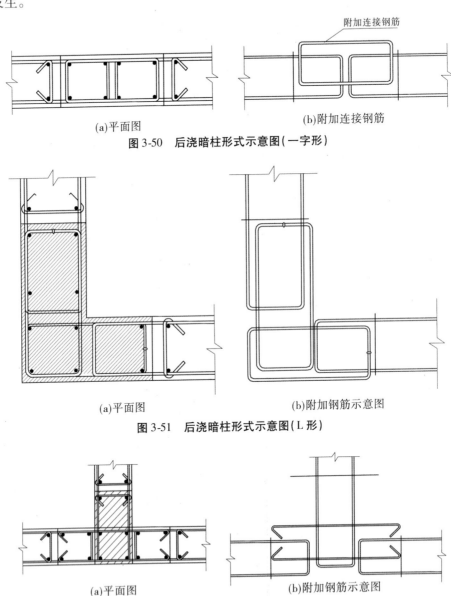

(a)平面图　　　　　　　　(b)附加连接钢筋

图 3-50　后浇暗柱形式示意图(一字形)

(a)平面图　　　　　　　　(b)附加钢筋示意图

图 3-51　后浇暗柱形式示意图(L 形)

(a)平面图　　　　　　　　(b)附加钢筋示意图

图 3-52　后浇暗柱形式示意图(T 形)

下面以一字形节点为例,说明后浇暗柱节点钢筋施工顺序(见图3-53～图3-57):

图 3-53　后浇节点钢筋施工顺序示意图(1:外露连接钢筋预埋)

图 3-54　后浇节点钢筋施工顺序示意图(2:第一道水平箍筋绑扎)

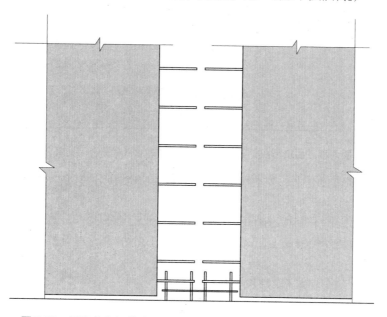

图 3-55　后浇节点钢筋施工顺序示意图(3:两侧预制墙板安装就位)

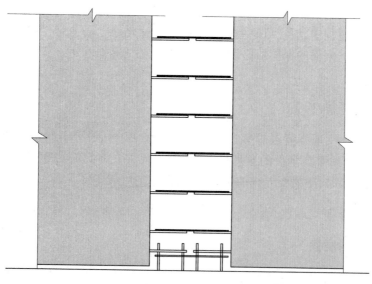

图 3-56　后浇节点钢筋施工顺序示意图(4:上部水平箍筋就位)

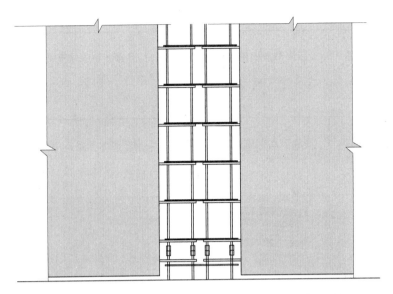

图 3-57 后浇节点钢筋施工顺序示意图（5：上部竖向钢筋连接）

（2）后浇节点钢筋绑扎时，可采用人字梯作业，当绑扎部位高于围挡时，施工人员应佩戴穿芯自锁保险带并做可靠连接。

（3）在预制板上用粉笔标定暗柱箍筋的位置，预先把箍筋交叉放置就位（L形的将两方向箍筋依次置于两侧外伸钢筋上）；先对预留竖向连接钢筋位置进行校正，然后连接上部竖向钢筋。

3.6.1.4 叠合板（阳台）现场钢筋施工

（1）叠合层钢筋绑扎前清理干净叠合板上的杂物，顶板钢筋根据其间距道道弹线绑扎，上部受力钢筋带弯钩时，弯钩向下摆放，应保证钢筋搭接和间距符合设计要求。

（2）安装预制墙板用的斜支撑预埋件应及时埋设。预埋件定位应准确，并采取可靠的防污染措施。

（3）钢筋绑扎过程中，应注意避免局部钢筋堆载过大。

（4）为保证上铁钢筋的保护层厚度，钢筋绑扎时利用叠合板的桁架钢筋为上铁钢筋的马凳。

3.6.2 模板现场加工

在装配式建筑中，现浇节点的形式与尺寸重复较多，可采用钢模或铝模（见图 3-58 和图 3-59）。在构件上预留支模板的预埋件，按照节点尺寸在工厂开好钢模或铝模并做好编号，在现场组装模板时，不需要二次加工，只需要简单的组装即可。

3.6.3 混凝土施工

3.6.3.1 施工材料准备

1. 水泥

（1）采用设计文件所规定的水泥。

图 3-58　节点铝模板

图 3-59　梁柱节点铝模板示意图

（2）水泥的各项指标应符合《通用硅酸盐水泥》（GB 175—2007）中的规定。

（3）水泥进场时，应有出厂合格证或试验报告，并要核对其品种、标号、包装重量和出厂日期。使用前若发现受潮或过期，应重新取样试验。

（4）水泥质量证明书各项品质指标应符合标准中的规定。

2. 砂

（1）砂宜优先选用坚硬、不含杂质、有棱的硅质砂粒。

（2）砂的含泥量应符合图纸设计要求。当设计没有规定时，混凝土强度等级高于或等于 C30 时，不大于 3%；低于 C30 时，不大于 5%。对有抗掺、抗冻或其他特殊要求的混凝土用砂，其含泥量不应大于 3%，对 C10 或 C10 以下的混凝土用砂，其含泥量可酌情放宽。

3. 石子（碎石或卵石）

（1）石子宜选用花岗岩。其余石灰岩、砂岩、页岩或其他水成岩必须取样做石材强度检定，同时应根据混凝土建筑物或构筑物的使用情况和强度要求，决定能否使用或有限制性使用。

（2）石子粒径应符合图纸设计要求。当设计没有规定时，最大粒径不得大于结构截面尺寸的 1/4，同时不得大于钢筋间最小净距的 3/4。混凝土实心板骨料的最大粒径不宜超过板厚的 1/2，且不得超过 50 mm。

（3）石子中的含泥量应符合图纸设计要求。当设计没有规定时，混凝土强度等于或高于 C30 时，石子的含泥量不大于 1%；低于 C30 时，石子的含泥量不大于 2%。对有抗冻、抗渗或其他特殊要求的混凝土，石子的含泥量不大于 1%；对 C10 和 C10 以下的混凝土，石子的含泥量可酌情放宽。

（4）石子中针、片状颗粒的含量应符合图纸设计要求。当设计没有规定时，混凝土强度等于或高于 C30 时，石子中针、片状颗粒的含量不大于 15%；低于 C30 时，不大于 25%；对 C10 和 C10 以下，可放宽到 40%。

4. 水

（1）符合国家标准的生活饮用水可拌制各种混凝土，不需再进行检验。

（2）若采用非饮用的天然水、受污染的湖泊水和地下水等，应先经检验，符合《混凝土用水标准》(JGJ 63—2006)的规定才能使用。

5. 轻骨料

(1)轻骨料的使用应符合图纸设计要求。

(2)采用轻骨料应分别符合《轻集料及其试验方法 第 1 部分:轻集料》(GB/T 17431.1—2010)。其试验方法应按《轻骨料及其试验方法 第 2 部分:轻集料试验方法》(GB/T 17431.2—2010)标准执行。

3.6.3.2　机具及作业条件

1. 机具

(1)振动器分插入式振动器、平板式振动器、附着式振动器和振动台。

(2)台秤,能称量 200 kg 以上材料,且有 CMC 标志。

(3)车(手推车)。

2. 作业条件

(1)基础工程应先将积水抽干或排除,浮土、淤泥和杂物要清理干净。

(2)墙、柱、梁等模板内的木碎、杂物要清除干净,模板缝隙应严密不漏浆。

(3)复核模板、支顶、预埋件、管线钢筋等符合施工方案和设计图纸并办理隐蔽验收手续。

(4)脚手架架设要符合安全规定,楼板浇捣时还应架设运输桥道,桥道下面要有遮盖,浇筑口应有专用槽口板。

(5)水泥、砂、石子及外加剂、掺合料等经检查符合有关标准要求,实验室下达混凝土配合比通知单。

(6)台秤经计量检查准确,振动器经试运转符合使用要求。

(7)根据施工方案对班组进行全面施工技术交底,包括作业内容、特点、数量、工期、施工方法、配合比、安全措施、质量要求和施工缝设置等。

3.6.3.3　混凝土的运输

混凝土在运输过程中,盛混凝土的吊斗应保证不漏浆,在装运前先使其湿润,运送过程中要经常清除吊斗内附着的硬化混凝土残渣,装料要适当,以免过满而溢出。

3.6.3.4　混凝土的浇筑

1. 准备工作

(1)先检查原材料是否充足,设备是否完好。

(2)掌握天气季节变化情况,保证混凝土连续浇筑的顺利进行,确保混凝土质量。

(3)对模板及其支撑等进行检查,确保构件位置、形状、尺寸准确,模板接缝密实。

(4)对支架、钢筋等预埋件进行细致检查,钢筋上的泥土、油污、模板内的垃圾、杂物应清除干净,对模板浇水湿润,墙、柱模板的清扫口应在清除杂物及积水后再封闭,缝隙应堵严,积水应排除干净。

(5)检查安全设施、劳动配备是否齐全,能否满足浇筑速度的要求。

(6)浇筑前检查混凝土的坍落度是否符合要求,要料时不允许超过理论用量的2%。

2. 浇筑要求

(1)浇筑混凝土应防止其分层离析,混凝土由料斗、漏斗内卸出进行浇筑时,其自由倾落高度不允许超过 2 m,在竖向结构中浇筑高度不得超过 3 m,否则需要采用串筒、斜槽等下料。

（2）浇筑竖向结构混凝土前，底部应先填 50～10 mm 厚与混凝土成分相同的水泥砂浆，混凝土的水灰比和坍落度应随浇筑高度的上升适当递减，在浇筑中，要保证混凝土保护厚度和钢筋位置的正确性，不得踩踏钢筋、移动预埋件或预留孔，若发现偏差和移位，应及时校正。

（3）混凝土应连续浇筑，保证结构良好的整体性，如需间歇，其间歇时间应尽可能缩短，并应在前层混凝土凝结前将次层混凝土浇筑完毕，间歇时间要求如表 3-5 所示。

表 3-5　混凝土间歇时间要求

混凝土强度等级	气温	
	≤25 ℃	>25 ℃
≤C30	210 min	180 min
>C30	180 min	150 min

超过规定时间必须设置施工缝，位置设置在结构受剪力较小且便于施工的部位：

①柱子留置在基础的顶面，梁或吊车梁牛腿的下面，吊车梁的上面，无梁楼板拉帽的下面。

②与板相连或整体的大断面梁留置在底面以下 30 cm 处。

③单向板留置在平行于板的短边的任何位置。

④有主次梁的楼板，宜顺着次梁方向浇筑，施工缝应留置在次梁跨的中间三分之一范围内。

（4）施工缝的处理。在施工缝处继续浇筑混凝土时，已浇筑的混凝土抗压强度不应小于 1.2 MPa，同时对施工缝必须进行处理：

①应清除表面垃圾、水泥、薄膜、松动的砂石和软弱混凝土层，同时还应加以凿毛，用水冲洗并充分湿润，残留在表面的积水应予清除。

②注意施工缝位置附近回弯钢筋时，要做到钢筋周围的混凝土不受松动和损坏，钢筋上的油污、水泥砂浆及浮锈等杂物应清除。

③在浇筑前，水平施工缝宜先铺上 10～15 mm 厚的水泥砂浆一层，其配合比与混凝土内的砂浆成分相同。

④从施工缝边下料，机械振捣前，宜向施工处逐渐推进，并距 80～100 cm 处停止振捣，但应加强对施工缝接缝的捣实工作，使其紧密结合。

3.6.3.5　混凝土的振捣

1. 插入式振动器

振捣方法有垂直振捣与斜向振捣。

（1）在操作中要做到"快插慢拔"，在振捣过程中，宜将振动棒上下略为抽动，以使上下振捣均匀，混凝土分层浇筑时，每层混凝土厚度不应超过棒长的 1.25 倍，在振捣上一层时，应插入下层中 5 cm 左右，以清除两层间的接缝，同时振捣上层时，必须在下层初凝前进行。

（2）每一插点要掌握好振捣时间，一般每点振捣时间为 20～30 s，但应视混凝土表面呈水平不再显著下沉,不再出现气泡,表面泛出灰浆为准。

(3)振动器插点要均匀排列,可采用"行列式"或"交错式"的次序进行移动,以免发生混乱而造成漏振。

(4)振动器使用时,距离模板不应大于振动器作业半径的50%,并不宜紧靠模板振捣,且应尽量避免碰撞钢筋、预埋件等。

2.平板式振动器

平板式振动器在每一位置上应连续振动一定时间,正常情况下为25~40 s,但以混凝土表面均匀出现浆液为准,移动时应成排,依次振捣前进,前后位置和排与排之间相互搭接应有3~5 cm,防止漏振,振动倾斜面时应由低处逐渐向高处移动,以保证混凝土振实。

3.6.3.6 拆模

模板及支撑拆除时应符合下列要求:

(1)当混凝土强度达到设计要求时,方可拆除;当设计无具体要求时,混凝土应符合表3-6规定要求。

表3-6 拆模时混凝土强度要求

构件类型	构件跨度 $L(m)$	达到设计强度百分比(%)
板	$L \leq 2$	≥ 50
	$2 < L \leq 8$	≥ 75
	$L > 8$	≥ 100
梁、拱、壳	$L \leq 8$	≥ 75
	$L > 8$	≥ 100
悬臂构件		≥ 100

(2)拆除模板及支撑时的顺序及安全措施应按施工技术方案执行。

(3)拆模时应确保混凝土表面及棱角不受损失。

(4)拆模时不应对其他构件形成冲击和荷载。

(5)多楼层连续拆模时,应按照设计施工文件进行操作,当设计无具体要求时,低层支模的拆除时间,应根据楼层的荷载适当提高混凝土强度。

思考题

1.装配式混凝土结构有哪些形式?各有何特点?

2.装配式混凝土结构的施工流程如何?

3.装配式混凝土结构在安装前应做好哪些准备工作?

4.预制构件现场堆放对场地有哪些要求?堆放方式有哪些?

5.简述预制墙板安装的工艺流程和质量要求。

6.简述预制柱、梁、楼板、外挂板、内隔墙板和预制楼梯安装的工艺流程和质量要求。

7. 预制构件的连接方法有哪些？各有何特点？

8. 装配式结构接缝的类型及接缝材料有哪些？

9. 简述一字形后浇暗柱节点钢筋施工的工序流程。

10. 简述混凝土浇筑中施工缝留设的原则和各类构件施工缝的留设位置。

11. 混凝土的浇筑、振捣、拆模要满足哪些基本要求？

第4章 装配式混凝土结构机电与内装施工

4.1 装配式混凝土结构机电安装技术

4.1.1 简介

建筑领域的精益建造是大势所趋,粗放式的施工必将被集约化流水线式的施工所取代,装配式混凝土结构是我国建筑结构发展的重要方向之一,它有利于提高建筑工程质量,提高生产效率,节约能源,并且有利于我国建筑工业化的发展。随着装配式混凝土结构的发展及推广应用,机电安装的预制装配式施工技术也在逐步发展,相比于传统施工方式具有四大优势:实现模块化制造安装,缩短施工工期;减少对技术工人的依赖,降低人工投入成本;降低材料损耗,提升产品安装质量;节约现场加工场地,安全生产有保障。

近年来,随着建筑工程机电项目 BIM 应用的深入,将 BIM 技术与装配式混凝土结构技术相结合,在施工过程中机电专业能够与其他专业快速、准确、高效地协同工作。本节通过实际项目中装配式混凝土结构机电安装技术的应用,介绍装配式混凝土结构机电安装技术在深化设计、机电工程预留预埋和模块化组装等方面的应用内容及相关流程。

4.1.2 机电深化设计与信息化应用技术

机电深化设计与信息化应用一方面应遵守和执行国家有关设计规范、规程及相关施工验收规范的规定,对招标图纸及业主、设计院提供的相关设计文件进行深化设计。另一方面,加强与设计、业主、总包、土建和装饰等的协调配合,深化设计模型应清楚反映所有安装部件的尺寸标高以及与结构、装饰等之间的准确关系,总体效果能考虑交叉施工的合理性以及后续的维修方便,尽可能减少返工现象的发生。

4.1.2.1 机电深化设计 BIM 应用目的

装配式混凝土结构机电深化设计应用 BIM 技术达到两个目的:一是通过管线综合,优化管线布置,统一考虑各专业系统(建筑、结构、暖通、电气、消防等专业)的合理排布及优化;二是与土建专业配合,完成工厂预制结构构件及现场浇筑预留预埋。根据土建专业对构件模块的分解和机电专业对图纸的分解,对各平台、板墙中预埋的线、盒、箱、套管位置进行精确定位,预埋标准尺寸统一。由于是工厂化生产,在施工中每块板墙、平台内的线盒、箱体一次性预埋成型,现场仅进行平台内的管路连接。

4.1.2.2 机电深化设计 BIM 应用流程及软件方案

1. BIM 应用流程

机电深化设计模型的建立应参照建筑、结构、机电和装饰设计文件,对机电各专业进行模型综合和碰撞检查,对管线的空间排布位置进行优化,形成机电管线综合图和专业施工深化图,BIM 应用流程如图4-1 所示。

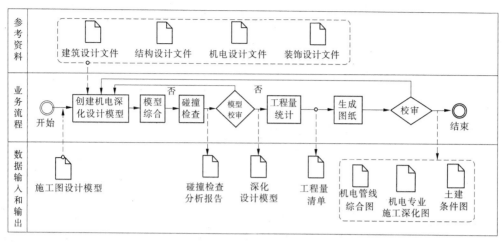

图 4-1 机电深化设计 BIM 应用流程

如图4-1 所示,机电深化设计 BIM 应用过程包含收集完整的结构、建筑、装饰等各专业设计图纸或 BIM 模型(如有提供);收集完整的各机电专业设计图纸和技术资料,了解各个系统,积极与设计管理单位沟通协调,了解和把握设计意图;收集各专业设备资料,明确安装方式、安装空间、维修空间、接口方式,进行分类整理,为施工图深化设计提供支持;加强与精装修单位的协调,确定各区域中吊顶标高、吊顶布置及安装方法,为深化设计做好准备;根据项目情况收集现场土建已施工状况资料,重点是土建预留预埋情况资料,以便综合深化设计的正确布置,避免返工;加强与管理方的沟通和协调,充分理解所在项目地的设计和施工规范,明确 BIM 模型的标准和其他相关要求。

2. BIM 应用软件方案

根据市场上现有的国内外 BIM 软件及应用状况,结合项目需求,筛选适用的 BIM 软件。目前,应用较为广泛的机电深化设计软件有 Autodesk 公司的 Revit 系列软件、广联达的 Mag-iCAD 软件以及日本的 Cadwe'll Tfas 软件。以 Revit 软件为例,提出具体的软件建议如图4-2 所示。

4.1.2.3 机电深化设计 BIM 应用内容

1. 管线综合 BIM 应用

管线综合是对审核通过的机电专业深化设计图(可由设计院直接提供)依据 BIM 建模软件进行各专业管线综合设计。对综合完成的 BIM 模型进行碰撞检测和查漏补缺工作,调整完成后进行报审,并对业主、顾问、设计院等提出的反馈意见进行及时修正,直至报审通过。

1)工作要求

管线综合协调过程中应根据实际情况综合布置,综合管线布置原则如下:

(1)满足深化设计施工规范。机电管线综合不能违背各专业系统设计原意,保证各系统使用功能,同时应该满足业主对建筑空间的要求,满足建筑本身的使用功能要求。对于特殊建筑形式或特殊结构形式(如屋面钢结构桁架区域),还应该与专业设计沟通,对双方专业的特殊要求进行协调,保证双方的使用功能不受影响。

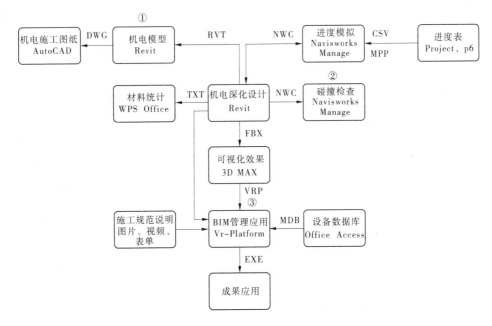

图 4-2 机电深化设计 BIM 软件应用方案建议

（2）合理利用空间。机电管线的布置应该在满足使用功能、路径合理、方便施工的原则下尽可能集中布置，系统主管线集中布置在公共区域（如走廊等）。

（3）满足施工和维护空间需求。充分考虑系统调试、检测和维修的要求，合理确定各种设备、管线、阀门和开关等的位置与距离，避免软碰撞。

（4）满足装饰需求。机电综合管线布置应充分考虑机电系统安装后能满足各区域的净空要求，无吊顶区域管线排布整齐、合理、美观。

（5）保证结构安全。机电管线需要穿梁、穿一次结构墙体时，需充分与结构设计师沟通，绝对保障结构安全。

2）工作方法

利用 BIM 软件进行各专业机电管线综合深化设计；处理建筑、结构信息，剔除不需要的信息；随时调整各专业管线的布置及满足各技术规范要求；送审会审各专业图纸及模型确认。

3）综合管线设计及模型的作用

检查空间是否满足要求（安装、维修、规范、安全）；明确各专业管线的布置要求（定位、相关的关系），确定施工顺序；利用可视化特点进行管线协调（交底）。

4）综合模型的应用

根据管线综合的原则，借助 BIM 的可视化效果，合理布置各专业管线，优化无压管道的走向；合理设置设备灯具的支吊架，解决与其他管线的碰撞问题；合理设置检修口，在满足检修口设备维修需要的前提下尽量满足装修要求；合理布置机电管线，满足吊顶标高控制要求。为方便后期施工方便，减少拆改，通过利用 BIM 技术进行了多种方案的设计，如图 4-3 所示。

2. BIM 技术在预留预埋中的应用

利用 BIM 模型进行机电管线过墙孔洞定位技术，通过最终的机电管线 BIM 模型，在所有需要预留机电管线套管的墙体上，预先精确定位过墙孔洞的数量、大小及位置，最终形成

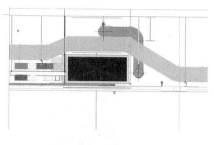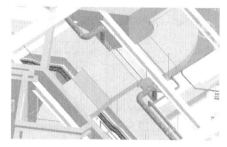

(a) 深化设计方案一

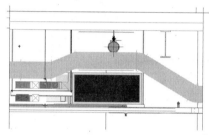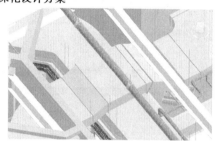

(b) 深化设计方案二

图 4-3　管线综合设计方案

用于施工的各层预留孔洞平面图和各墙面预留孔洞剖面图,确保关键设备房及非关键设备房墙体砌筑进度,并避免后期因机电管线安装而造成的开孔凿洞等破坏墙体行为,同时这满足了机电管线的成品保护和防火封堵要求。

1)工作要求

预留预埋的施工图纸,必须以审批通过的综合深化设计图纸为依据。机电施工前应先对土建已经完成的预留预理工作进行校核,现场预留预埋产生的误差要及时反映在各专业施工图与 BIM 模型中。

2)工作方法

通过综合深化设计,首先进行项目一次结构的预留预埋孔、洞的预留,若部分现场已施工,则应复核孔洞的位置,及时调整深化设计管线走向。随项目施工进度,配合确定二次结构和预留预埋孔洞位置。对现场预留预理工作中产生的误差要及时调整管线,并反映在施工图与 BIM 模型中。

3)预留预埋的应用

在预留预埋阶段应充分利用 BIM 技术的可视化特点,进行各专业的协调和沟通。在 BIM 模型管线综合布置好之后,利用软件自动开洞功能(见图 4-4)标记出管道穿墙的洞口(见图 4-5),并生成留洞图及预理预留图报业主审批,管线过墙孔洞剖面图如图 4-6 所示。

3.碰撞检查的应用

此处所提的碰撞检查为最后的查漏补缺图纸审查。

1)工作要求

根据相关技术规范,基于综合模型进行碰撞检查,对碰撞检查结果及时协调并进行管线调整。

2)工作方法

首先在综合模型中检查管线之间是否符合综合原则;其次在机电管线综合的基础上

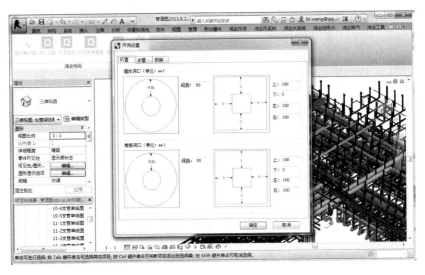

图 4-4　软件开洞功能

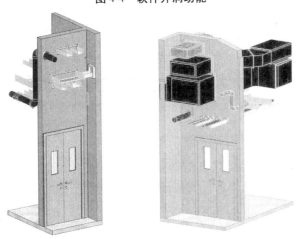

图 4-5　机电管线过墙孔洞三维图

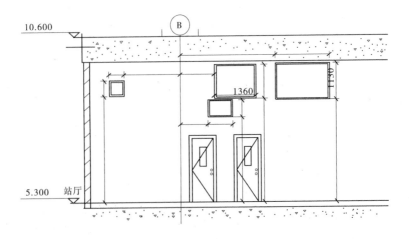

图 4-6　管线过墙孔洞剖面图

（对保温、操作空间、检修空间等）进行软硬碰撞检测，检查是否符合相关技术规格；最后对碰撞检查结果及时进行调整。

　　3）碰撞检查的应用

　　对 BIM 模型进行碰撞检查，调整机电管线，减少各专业模型间相互干涉，避免碰撞，减少返工。机电不同专业间的碰撞检查，如图 4-7 所示。

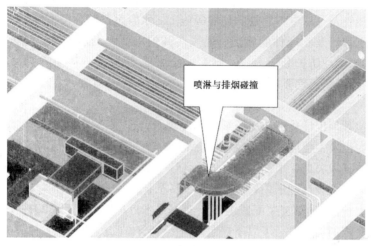

(a) 深化设计前

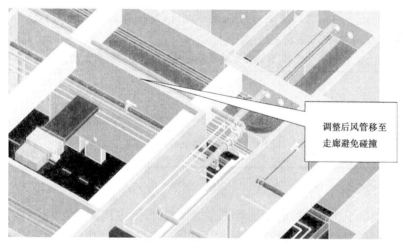

(b) 深化设计后

图 4-7　机电不同专业间的碰撞检查

4.1.3　机电工程预留预埋技术

　　装配式混凝土结构机电施工主要包括建筑给水排水及采暖工程、建筑电气工程、通风与空调工程、智能建筑工程等专业工程。由于采用预制混凝土构件，避免现场剔槽开孔，在预制加工厂的预留预埋必须精确，因此对机电各专业与土建的配合提出了更高的要求。通过BIM 技术的应用，做好精细设计以及定位，对机电各专业管线在预制构件上预留的套管、开孔、开槽位置尺寸进行综合及优化,并避免错漏碰缺,降低生产及施工成本,减少现场返工。

4.1.3.1 机电工程预留预埋主要工作

装配式混凝土结构机电工程预留预埋包括两部分内容,第一部分预留预埋工作在预制构件加工厂完成;第二部分内容是现场叠合构件和现场连接部位的预留预埋。这两部分内容均包括电气预留预埋、水管道预留预埋和通风空调预留预埋。

电气预留预埋工作主要包括嵌入式配电箱位置预留洞、桥架过墙和楼板预留洞的预留施工,照明、动力线管及过墙电气套管的预埋等施工。水管道预留预埋工作主要包括给水排水、消防水、空调水套管及预埋件的施工。通风空调预留预埋工作主要包括风管穿越防火墙、墙体或楼板的预埋或防护套管。

4.1.3.2 机电工程预留预埋要求

1. 一般要求

机电工程预留预埋以优化的施工图纸和相关规范为依据,机电工程施工前编制施工方案并进行技术交底以及主要的设备、材料采购和主要施工机具准备。

2. 预留套管与预留孔洞要求

预留套管或洞应按设计图纸中管道的定位、标高,同时结合装饰、结构专业,绘制预留套管或预留洞图。现行国家标准《装配式混凝土建筑技术标准》(GB/T 51231—2016)对装配式预制构件预埋套管的尺寸进行了以下规定。

给水、消防管穿越预制墙、梁、楼板可预留普通钢套管或预留洞,预留套管尺寸参见表 4-1 中的 $DN1$。管材为焊接钢管、镀锌钢管、钢塑复合管(外径)。

公共部位消防管道横管可穿梁设置或梁下设置,穿梁设置的消防横管应在预制梁上预留钢套管,套管规格及做法见表 4-1。

表 4-1　给水、消防管穿越预制墙、梁、楼板预留钢套管尺寸　　　　(单位:mm)

管道公称直径 DN	15	20	25	32	40	50	65	80	100	125	150	200
钢套管公称直径 $DN1$ (适用无保温)	32	40	50	50	80	80	100	125	200	225	250	300

注:保温管道的预留套管尺寸,应根据管道保温后的外径尺寸确定。

当装配式混凝土建筑的喷淋系统管道穿梁设置时,梁内预留套管,套管规格及做法见表 4-1。排水管穿越预制梁或墙预留普通钢套管尺寸参见表 4-1 中的 $DN1$;排水管穿预制楼板预留孔洞尺寸参见表 4-2。管材为塑料排水管和金属排水管。

表 4-2　排水管穿预制楼板预留孔洞尺寸　　　　(单位:mm)

管道公称直径 DN	50	75	100	150	200
预留圆洞直径	125	150	200	250	300
普通塑料套管公称直径	100	125	150	200	250	带止水环或橡胶密封圈

排水立管、通气立管穿屋面预留刚性防水套管尺寸参见表 4-3。管材为柔性接口机制

排水铸铁管。

表 4-3　穿屋面预留刚性防水套管尺寸　　　　　　（单位：mm）

管道公称直径 DN	75	100	150
$D2$	93	118	169
$D3$	140	168	219
$D4$	250	280	330

其余管道穿越预制屋面楼板时，应预埋刚性防水套管。阳台地漏、非同层排水方式的厨卫排水器具及附件预留孔洞尺寸参见表4-4。

表 4-4　阳台地漏、非同层排水方式的厨卫排水器具及附件预留孔洞尺寸　（单位：mm）

种类	大便器	浴缸、洗脸盆、洗涤盆	地漏、清扫口			
所接排水管管径 DN	100	50	50	75	100	150
预留圆洞直径	200	100	200	200	250	300

消火栓箱应于预制构件上预留安装孔洞，孔洞尺寸各边大于箱体尺寸 20 mm，箱体与孔洞之间间隙应采用防火材料封堵。

3. 质量控制要求

预留预埋使用材料的规格型号符合设计要求，并有产品质量合格证与试验报告。与相关各专业之间，应进行交接质量检验，并形成记录。隐蔽工程应在隐蔽前经验收各方检验，合格后方能隐蔽，并形成记录。在施工过程中，要密切与土建单位配合，在每个套管安装完毕后，随时用堵头封堵，不得有遗漏现象，防止管路堵塞，所有套管在剪力墙中不得有焊缝。

4. 成品保护

结构混凝土浇筑时，施工员在施工现场看护，在混凝土浇筑过程中如发现施工完成部分遭到破坏，组织人员及时修复。

混凝土拆模后，专业工程师要对预埋件、预留孔洞位置、孔洞尺寸、孔壁垂直度等进行复测，保证满足规范要求。拆模后对易破坏的预埋件，采用木箱保护，对电气预埋管线做好管口封堵工作等。

4.1.3.3　预制构件预留预埋

装配式结构预制构件预留预埋，要求机电专业提供深化设计图纸，由工厂技术人员根据预制构件的拆分情况进行排版，排版以后反馈给现场机电专业人员，按规范校对审核，最终由工厂技术人员出具加工图进行加工制造。现场机电专业对预制构件的预留预埋质量进行验收。

1. 预留预埋施工图

预留预埋的施工图纸，以审批通过的综合深化设计图纸为依据。在预留预埋阶段应充分利用 BIM 技术的可视化特点进行各专业的协调和沟通。预制结构部分,需考虑电线管的具体位置(定位)、走向、管径、材质,区分预埋在墙体或楼板内和非预埋的;开关盒、强弱电箱、接线盒等的具体位置(定位)、材质、规格型号。将优化好的机电 BIM 模型提交给土建合成综合 BIM 模型。土建在工厂制造时对分割模块进行分解,确定管段起始点的位置,将盒、箱、套管位置进行标注,形成用于施工的各层预留孔洞平面图和各墙面预留孔洞剖面图。

2. 预制构件预留预埋验收

为保证机电施工的准确性,机电施工前应先对土建已经完成的预留预埋工作进行校核。预制构件上的预埋管线和预留孔洞按施工图要求进行编号并标注在构件上,便于机电专业现场验收。预留预埋产生的误差,要及时反映在各专业施工图与 BIM 模型中。预制构件上的预埋件、预留插筋、预留孔洞、预埋管线等规格型号、数量和位置应符合设计要求,混凝土预制构件预留预埋允许偏差及检验方法见表4-5。

表 4-5　混凝土预制构件预留预埋允许偏差及检验方法

构件类型	检查项目			允许偏差 (mm)	检验方法
预制板类构件	预埋部件	预埋钢板	中心线位置偏移	5	用尺量测纵、横两个方向的中心线位置,记录其中较大值
			平面高差	0, -5	用尺靠紧在预埋件上,用楔形塞尺量测预埋件平面与混凝土面的最大缝隙
		预埋螺栓	中心线位置偏移	2	用尺量测纵、横两个方向的中心线位置,记录其中较大值
			外露长度	+10, -5	用尺量
		预埋线盒、电盒	在构件平面的水平方向中心位置偏差	10	用尺量
			与构件表面混凝土高差	0, -5	用尺量
	预留孔		中心线位置偏移	5	用尺量测纵、横两个方向的中心线位置,记录其中较大值
			孔尺寸	±5	用尺量测纵、横两个方向尺寸,取其中最大值
	预留洞		中心线位置偏移	5	用尺量测纵、横两个方向的中心线位置,记录其中较大值
			洞口尺寸、深度	±5	用尺量测纵、横两个方向尺寸,取其中最大值

续表 4-5

构件类型	检查项目			允许偏差（mm）	检验方法
预制墙板类构件	预埋部件	预埋钢板	中心线位置偏移	5	用尺量测纵、横两个方向的中心线位置，记录其中较大值
			平面高差	0，-5	用尺靠紧在预埋件上，用楔形塞尺量测预埋件平面与混凝土面的最大缝隙
		预埋螺栓	中心线位置偏移	2	用尺量测纵、横两个方向的中心线位置，记录其中较大值
			外露长度	+10，-5	用尺量
		预埋套筒、螺母	中心线位置偏移	2	用尺量测纵、横两个方向的中心线位置，记录其中较大值
			平面高差	0，-5	用尺靠紧在预埋件上，用楔形塞尺量测预埋件平面与混凝土面的最大缝隙
	预留孔		中心线位置偏移	5	用尺量测纵、横两个方向的中心线位置，记录其中较大值
			孔尺寸	±5	用尺量测纵、横两个方向尺寸，取其中最大值
	预留洞		中心线位置偏移	5	用尺量测纵、横两个方向的中心线位置，记录其中较大值
			洞口尺寸、深度	±5	用尺量测纵、横两个方向尺寸，取其中最大值
预制梁柱桁架类构件	预埋部件	预埋钢板	中心线位置偏移	5	用尺量测纵、横两个方向的中心线位置，记录其中较大值
			平面高差	0，-5	用尺靠紧在预埋件上，用楔形塞尺量测预埋件平面与混凝土面的最大缝隙
		预埋螺栓	中心线位置偏移	2	用尺量测纵、横两个方向的中心线位置，记录其中较大值
			外露长度	+10，-5	用尺量
	预留孔		中心线位置偏移	5	用尺量测纵、横两个方向的中心线位置，记录其中较大值
			孔尺寸	±5	用尺量测纵、横两个方向尺寸，取其中最大值
	预留洞		中心线位置偏移	5	用尺量测纵、横两个方向的中心线位置，记录其中较大值
			洞口尺寸、深度	±5	用尺量测纵、横两个方向尺寸，取其中最大值

为了保证预制构件吊装过程中正常施工要求,应加强对预制构件上的建筑附件、预埋件、预埋吊件的保护。在安装过程中发现预埋件的尺寸、形状发生变化时或对预埋件的质量有怀疑时,应对该批预埋件再次进行复检,合格后方可使用。

4.1.3.4　现场预留预埋施工

1. 防雷接地预留预埋

一般民用建筑的防雷接地系统由接闪器、避雷带、均压环、引下线、接地装置等组成,其安装是在土建施工的过程中实施的。而作为装配式建筑,由于其梁和柱是在工厂中预制而成,在施工现场进行拼装的,其防雷接地系统中的接闪器、避雷带、接地装置与传统的施工方法一致,而其中的均压环和引下线由于梁、柱的拼装存在断点,无法与传统的做法一致,其施工方法如下。

1) 引下线

引下线的做法分为柱与柱之间的连接、柱与平台的连接。预制柱内作为引下线的主筋在工厂预制时需进行焊接,预制柱内的引下线在拼接节点处用 $\phi 10$ 的圆钢引出预制柱外,上柱与下柱之间引出的 $\phi 10$ 的钢筋用 100 mm × 100 mm × 4 mm 的钢板在柱外焊接,要注意在工厂预制时作为引下线的钢筋需用油漆做标识,且作为引下线的钢筋上柱与下柱不能错位,其具体做法如图 4-8 所示。引下线现场施工如图 4-9 所示。

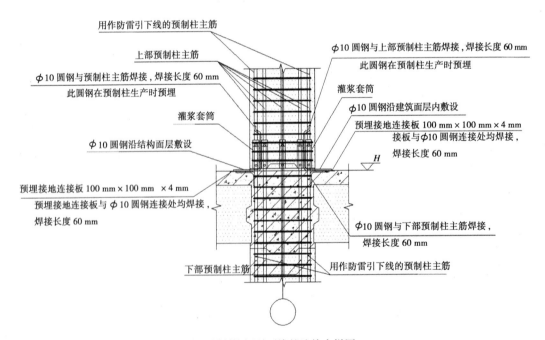

(a) 预制柱间引下线的连接大样图

图 4-8　防雷接地引下线做法

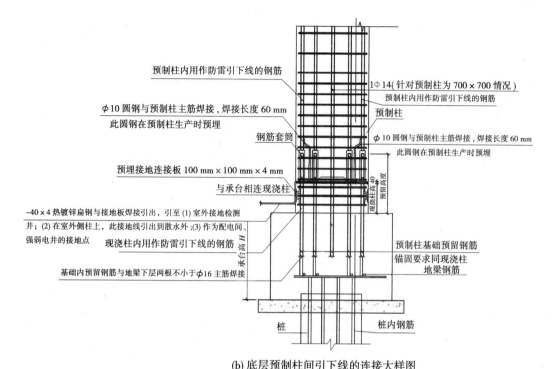

预制柱内用作防雷引下线的钢筋

1φ14(针对预制柱为 700×700 情况)
预制柱内用作防雷引下线的钢筋

φ10 圆钢与预制柱主筋焊接,焊接长度 60 mm
此圆钢在预制柱生产时预埋

预制柱

φ10 圆钢与预制柱主筋焊接,焊接长度 60 mm
此圆钢在预制柱生产时预埋

钢筋套筒

预埋接地连接板 100 mm×100 mm×4 mm

与承台相连现浇柱

-40×4 热镀锌扁钢与接地板焊接引出,引至 (1) 室外接地检测
井;(2) 在室外侧柱上,此接地线引出到散水外;(3) 作为配电间、
强弱电井的接地点

现浇柱内用作防雷引下线的钢筋

预制柱基础预留钢筋
锚固要求同现浇柱
地梁钢筋

基础内预留钢筋与地梁下层两根不小于φ16 主筋焊接

桩   桩内钢筋

(b) 底层预制柱间引下线的连接大样图

(承台标高低于一层标高时)

预制柱内用作防雷引下线的钢筋

1φ14(针对预制柱为 700×700 情况)
预制柱内用作防雷引下线的钢筋

φ10 圆钢与预制柱主筋焊接,焊接长度 60 mm
此圆钢在预制柱生产时预埋

预制柱

φ10 圆钢与预制柱主筋焊接,焊接长度 60 mm
此圆钢在预制柱生产时预埋

φ10 圆钢与预埋接地板可靠连接,焊接长度 60 mm

钢筋套筒

φ10 圆钢与预埋接地板可靠连接,焊接长度 60 mm

预埋接地连接板 100 mm×100 mm×4 mm

预埋接地连接板 100 mm×100 mm×4 mm

-40×4 热镀锌扁钢与接地板焊接引出,引至 (1) 室外接地检测
井;(2) 在室外侧柱上,此接地线引出到散水外;(3) 作为配电间、
强弱电井的接地点

预制柱基础预留钢筋,锚固要求同现浇柱

φ10 圆钢与承台主筋焊接,焊接长度 60 mm

φ10 圆钢与承台主筋焊接,焊接长度 60 mm

基础内预留钢筋与地梁下层两根不小于φ16 主筋焊接

地梁钢筋

桩   桩内钢筋

(c) 底层预制柱间引下线的连接大样图

(承台标高与一层结构标高相同时)

续图 4-8

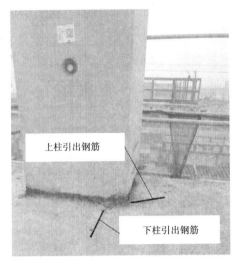

上柱引出钢筋

下柱引出钢筋

(a) 预制柱吊装后

(b) 预制柱引下线焊接完成后

图4-9 引下线现场施工

2) 均压环

由于装配式建筑梁柱均为在工厂生产,现场进行拼装,拼装后的梁柱节点随叠合板一起进行现场浇筑。均压环利用预制梁内的主筋与预制柱内的防雷引下线在拼接节点处焊接在一起,如图4-10所示。

2. 线管的预留预埋

装配式建筑中楼板采用叠合板。叠合板的一半楼板在工厂预制,预制板在施工现场拼装完成后,再在预制板上铺面层钢筋进行现场浇筑,如图4-11所示。

与传统建筑不同,机电线管的预留预埋也需分两步进行:一是叠合板在工厂生产过程中需首先把线盒预埋进去,线盒固定在叠合板的底层钢筋上,要求定位要准确;二是叠合板在现场拼装完成后进行面层钢筋铺设前把线管敷设进去。由于是分两步进行的,接线盒与传统的86型盒相比要长一些,一般86型盒的长度为50~75 mm,而预制板内的接线盒根据叠合板预制厚度一般为100~115 mm。预埋电气管线的做法分为以下几种情况,如图4-12所示。

机电线管应在叠合板就位后,根据图纸要求以及盒、箱的位置,顶筋未铺时敷设管路,并

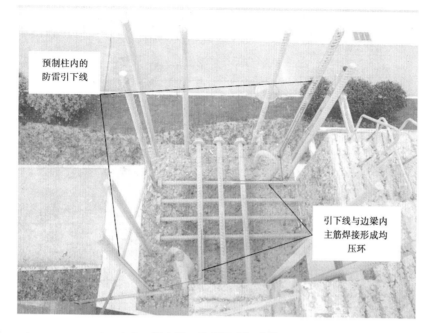

图 4-10　均压环现场安装

图 4-11　叠合板现场安装

加以固定。土建顶筋绑好后,应再检查管线的固定情况。在施工中需注意,敷设于现浇混凝土层中的管子,其管径应不大于混凝土厚度的 1/2。由于楼板内的管线较多,所以施工时应根据实际情况分层、分段进行。先敷设已预埋于墙体等部位的管子,再连接与盒相连接的管线,最后连接中间的管线,并应先敷设带弯的管子再连接直管,并行的管子间距不应小于 25 mm,使管子周围能够充满混凝土,避免出现空洞。在敷设管线时,应注意避开土建所预留的洞。当管线从盒顶进入时,应注意管子煨弯不应过大,不能高出楼板顶筋,保护层厚度不小于 15 mm,如图 4-13 所示。

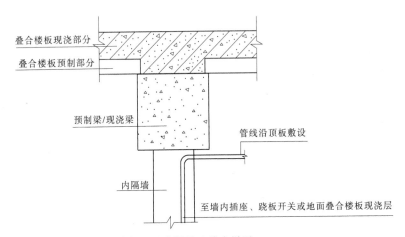

(a)管线从叠合梁下至内隔墙连接大样图

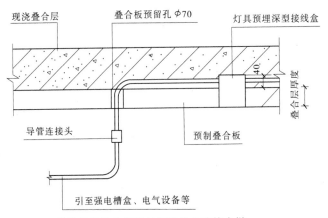

(b)管线穿越叠合楼板与灯接线盒连接大样

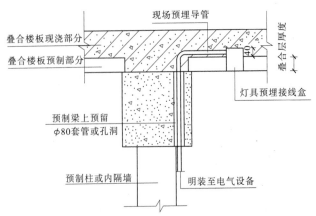

(c)管线从叠合楼板穿叠合梁至电气设备连接大样

图 4-12　预埋电气管线的做法

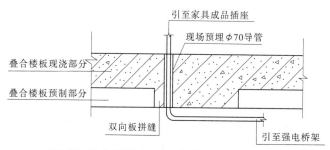

(d)插座从叠合楼板下穿双向板拼接缝至家具成品线槽连接大样

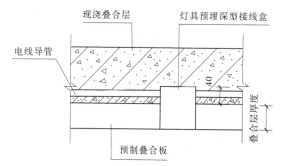

(e)八角灯头盒预埋及线管连接大样图

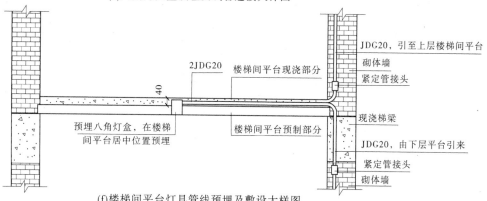

(f)楼梯间平台灯具管线预埋及敷设大样图
(注：灯盒管线在叠合楼板上暗敷)

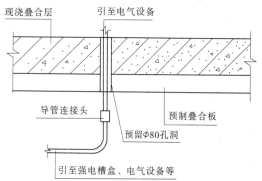

(g)管线穿越叠合楼板与电气设备连接大样图

续图 4-12

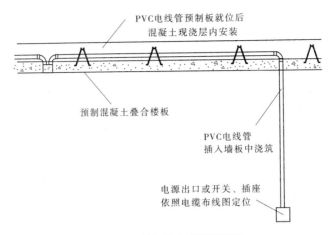

图 4-13　现浇层内配管剖面图

梁内的管线敷设应尽量避开梁。当不可避免,管线穿梁时,应选择梁内受剪力、应力较小的部位穿过,竖向穿梁时,应在梁上预留钢套管。

管路采用与预制平台板内的楼板支架钢筋绑扎固定,固定间距不大于 1 m。如遇到管路与楼板支架钢筋平行敷设,需要将线管与盖筋绑扎固定。填充墙处往下引管不宜过长,以透出楼板 100～150 mm 为准,如图 4-14 所示。

图 4-14　平台现浇层内管路固定

现浇层内二次预留洞在施工现场现浇层内对照原先预留好的半成品预留洞口,用同种规格的套管二次留洞,需要绑扎牢固,防止浇筑混凝土时位移。在混凝土初凝时旋转套管拔出。

机电线管直埋于现浇混凝土内,在浇捣混凝土时,应有防止电气管发生机械损伤和位移的措施。在浇筑现浇层混凝土时,应派专职电工进行看护,防止发生踩坏和振动位移现象。对损坏的管路及时进行修复,同时对管路绑扎不到位的地方进行加固。

现浇层浇筑后再及时扫管,这样能够及时发现堵管不通现象,便于处理及在下一层进行改进。对于后砌墙体,在抹灰前进行扫管,有问题时修改管路,便于土建修复。经过扫管后确认管路畅通,及时穿好带线,并将管口、盒口、箱口堵好,加强成品配管保护,防止出现二次塞管路现象。

3. 机电管线预留孔洞

机电洞口预留需与土建工程协调,注意预留孔洞的加固。暗装配电箱的预留墙洞在混凝土构件预制时完成,根据预留孔洞的尺寸先将箱体的标高及尺寸确定好,并将暗埋底箱固定,然后用水泥砂浆填实并抹平。预留洞施工完成后,进行二次复核,预留洞尺寸、位置无误后,进行交接验收。

水管道的预留预埋主要为管道井、穿楼板的预留孔洞及外墙套管、人防套管的安装以及穿混凝土隔墙的套管预留预埋。严格按图纸设计要求或标准图集加工制作模盒、预埋铁件及穿墙体、水池壁、楼板或结构梁的各种形式钢套管。预留孔洞根据尺寸做好木盒子或钢套管,确定位置后预埋,并采用可靠的固定措施,防止其移位。为了避免遗漏和错留,在核对间距、尺寸和位置无误并经过相关专业认可的情况下,填写《预留洞一览表》(表格样式见表4-6),施工过程中认真对照检查。在浇筑混凝土过程中要有专人配合复核校对,看管预埋件,以免移位。发现问题及时沟通并修正。

表4-6　预留洞一览表

序号	洞口编号	轴线位置(mm)	标高(m)	规格	完成情况	备注
1	排水 001					
2	通风 001					
3	…					

预留孔洞的尺寸,如设计无要求,应按表4-7的规定执行。

表4-7　预留孔洞尺寸一览表

序号	管道名称		明管 留孔尺寸,长度×宽度 (mm×mm)	暗管 墙槽尺寸,宽度×深度 (mm×mm)
1	给水立管	≤$DN25$	100×100	130×130
		$DN32 \sim 50$	150×150	150×130
		$DN70 \sim 100$	200×200	200×200
2	一根排水立管	≤$DN50$	150×150	200×130
		$DN70 \sim 100$	200×200	250×200

续表 4-7

序号	管道名称		明管	暗管
			留孔尺寸,长度×宽度 (mm×mm)	墙槽尺寸,宽度×深度 (mm×mm)
3	二根给水立管	≤DN32	150×100	200×130
4	一根给水立管和 一根排水立管在 一起	≤DN50	200×150	200×130
		DN70~100	250×200	250×200
5	二根给水立管和一 根排水立管在一起	≤DN50	200×150	250×130
		DN70~100	350×130	380×200
6	给水支管	≤DN25	100×100	60×60
		DN32~40	150×130	150×100
7	排水支管	≤DN80	250×200	—
		DN100	300×250	—
8	排水主干管	≤DN80	300×250	—
		DN100~125	350×300	—

在配合施工中,专业人员必须随工程进度密切配合土建专业做好预留洞工作。管道井和管道穿梁、楼板都应与土建配合预留好,注意加强检查,绝不能有遗漏。

4.套管的预埋

穿楼板和后砌隔墙套管预留预埋施工,主要采取以下形式,安装方法及要求如下:

(1)预埋套管管径参照表4-8进行选择。

表 4-8 预埋套管管径选择

序号	管径(mm)	套管管径(mm)	备注
1	50~75	80~100	保温管道套管 规格大2号
2	75~100	125~150	
3	125~150	150~200	
4	200~300	250~350	

(2)预埋套管安装方法及要求如表4-9所示。

表 4-9　预埋套管安装方法及要求

序号	套管安装位置	套管安装样图	符号说明
1	穿水池壁	柔性防水套管(A型)	1—钢管 2—法兰套管 3—密封圈 4—法兰压盖 5—螺柱 6—螺母 7—法兰 8—密封膏嵌缝(迎水面为腐蚀性介质时适用) 9—迎水面
2	穿建筑内隔墙套管		1—钢管 2—钢套管 3—密封填料 4—隔墙 5—不锈钢装饰板(明露管道适用)
3	穿无防水要求的楼板		1—钢管 2—钢套管 3—密封填料 4—楼板
4	穿有防水要求的楼板(如屋顶等)		1—钢管 2—钢套管 3—翼环 4—挡圈 5—石棉水泥 6—油麻

4.1.4　机电模块化组装

基于 BIM 的机电工业化产品加工在制造阶段会涉及多个工序、大量人员和设备,管理的复杂性也相应增加。目前,通过管道预制生产线等数控机加工新设备的引进、对已有设备的改造及管理方式的变革等措施,具备了基于 BIM 机电数字化加工模型匹配的初步加工条件和能力。而在整个制造过程中,得益于施工模型数据的即时采集、传递、处理,并与 BIM 进行集成、分析、展现和存储等,使整个机电工业化加工制造过程做到较高的精确度。

4.1.4.1　BIM 工业化加工系统功能设计

BIM 的工业化加工系统可以实现创建深化设计模型、模型细部处理、产品模块评价、模型工程量提取、机电产品加工模型分批、工艺文件编制、加工实施、产品质量验收入库等功能。机电工业化加工 BIM 系统应用流程如图 4-15 所示。

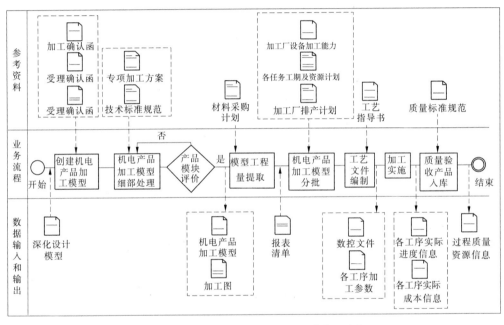

图 4-15　机电工业化加工 BIM 系统应用流程

机电工业化加工 BIM 系统应用包含了模块准备、模块加工、模块检验入库等环节。模块准备环节包含深化设计模型和设计文件导入,创建机电加工模型和进行产品模块评价;模块加工环节是基于机电加工模型提取工程量,结合工期计划及工厂加工生产能力等,对机电产品进行分批加工;模块检验环节是将机电产品的质量、运输安装准备等信息及时附加或关联到模型中。通过机电模块化产品工序化管理,将创建的机电产品加工模型结合图纸信息、材料信息、进度信息转化为以工序为单位的制造信息,借助先进的数据采集手段和数字化加工设备,以机电产品加工模型作为信息交流的平台,通过施工过程信息的实时添加和反馈补充完善,最终产品通过质量验收入库,提高数据处理的效率和数字化加工的精准度,为机电产品施工安装的高质量提供保障。

4.1.4.2　机电模块划分编码

在深化设计阶段输入的 BIM 模型基础上进行机电产品加工模型创建,同时需要进行数字化模块产品设计,包含模块划分、模块综合、模块编码和模块评价部分。按照模块的功能性差异划分为不同层次的模块,建立模块产品数据库,形成标准系列化产品。某一建筑机电空间环境根据产品规划和功能分析宜划分为空间、部位、部件三级模块,如图4-16所示。

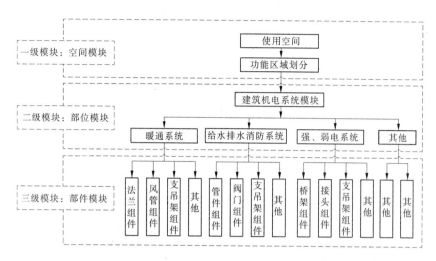

图4-16　某一建筑机电模块划分示意图

按照机电类专业与非机电类专业的功能组合原则,选择具有不同功能区域的模块进行模块综合。按照模块编码的唯一性原则,对建筑机电系统各综合模块进行编码,包括空间、部位、部件三级模块的类别、名称,按表4-10采用。

表4-10　建筑机电模块编码

模块等级	主码(副码)		编码范围
一级模块:空间模块 (A)	主码	空间模块编码	01 ~ 99
	(副码)	(功能区域编码)	(01 ~ 99)
二级模块:部位模块 (B)	主码	部位模块编码	001 ~ 999
	(副码)	(分部位或部件编码)	(001 ~ 999)
三级模块:部件模块 (C)	主码	部件模块编码	0001 ~ 9999 * 或 (字母 + 三位数字)
	(副码)	(零件或组件编码)	(0001 ~ 9999) * 或 (字母 + 三位数字)

注:* 该级的模块相对较多,为方便查询和区分,编码的第一位可以由字母代替,来表示模块的类别。

机电工业化加工 BIM 应用,需要从 BIM 模型中提取加工用的数据信息。根据制造厂产能、设备、管理模式等条件,数据输入时需要考虑:

(1)数据的编码应与实际管理模式相适应。针对不同的设备和管控方法,所需的数据格式与类型也不相同。

(2)数据输入时,应做到以工序管理为基本落脚点,将数据采集和施工管理重心放在工序管理上。从 BIM 模型中获取加工数据,通过数据传输发送到各个工序,每个工序又将加工的结果反馈到模型中。

4.1.4.3　机电模块化组装应用

目前应用的一些机电模块化技术,主要有机电安装管线类模块化技术、机电设备模块化技术和机电辅助设施类模块化技术等。

1.机电安装管线类模块化技术

机电安装管线类模块化技术主要涵盖了管廊系统模块化制作安装技术、组合立管模块化技术、管道预制加工生产技术等。

1)管廊系统模块化组装技术

管廊系统模块化组装技术是针对水平管廊密集管道群施工质量难以提高、施工效率低、危险性大等诸多问题提出的解决方法。其基本原理是将每个管廊或设备组视为一个单元,每6~8 m水平管组为一节。通过深化设计,绘制详细的管道布置及管节加工图,在工厂进行预制生产。每一根管道按图纸位置固定在管架上,从而使管道与管架之间、管架与管架之间、管道与管道之间形成稳定的整体(节),如图4-17所示。

图4-17　管廊模块示意图

整套模块化管廊系统包括:管线预制→管支架加工设计→管线安装施工→管线试压。依据分割成的相应模块包,在建造完成后分批次运往安装现场,整体安装施工调试。

2)组合立管模块化技术

组合立管模块化技术用于多楼层建筑的管井管道安装,包括若干组立管系统模块,每组立管系统模块包括管道支架以及固定在所述管道支架上的若干根立管,相邻两根立管之间的间距一致,立管长度与楼层高度相适配;立管系统模块所在管井与楼层的楼板为整体浇筑,且上、下两组立管系统模块的立管之间位置一一对应,形成稳定的管井结构,如图4-18所示。

其主要实施流程为:

(1)组合立管深化设计。根据竖井综合排布图进行二次深化,绘制组合立管组管井排布图;再根据立管组管井排布图绘制零件加工图,依据零件加工图进行制作。

(2)组合立管加工试验。根据组合立管零件加工图的要求,分别进行管组加工和安装、转立吊装试验环节,如图4-19所示。

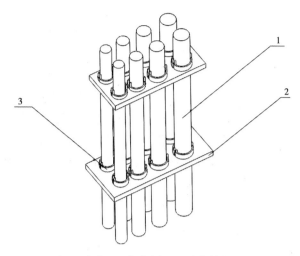

1—立管;2—管道支架;3—定位管卡

图 4-18　组合立管

图 4-19　转立吊装试验

（3）组合立管吊装运输。管组通过塔吊吊运至倒运层卸料平台,再通过卷扬机和倒运小车等设备将构件运至核心筒内部吊装设备下部,如图 4-20 所示。

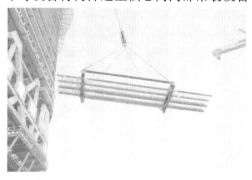

图 4-20　组合立管吊装运输过程

（4）组合立管组就位安装。管组就位后,安排焊工对对接管组进行焊接施工,焊接后进行相控阵超声检测成像探伤检查,组合立管组施工完毕后管架密封板上层土建可进行打灰处理,满足防火要求。

3）管道预制加工生产技术

通过引进管道自动化预制生产线技术，形成了固定式和移动集装箱式标准化管道预制生产流程，实现了采用计算机软件绘图、统计，实时监控管道预制生产线的进料、出库、无损检测等生产过程和焊接质量标准化流程，管道预制焊口合格率已达到98.5%。

管道预制加工是预先在设计建模时将施工所需设备的一些参数输入到模型当中，将模型根据现场实际情况合理地进行调整，待模型调整到现场一致时再将设备的各个信息导出一张完整的管道预制加工图。依据加工图按以下流程实施管道预制加工：施工准备→BIM软件精准建模→进行模型与施工场地复核，确定管道下料尺寸及相应配件→利用精确的BIM模型图确定管道预制加工图，并进行管道进行分解、编号→管道、支吊架加工制作→管道批量运输→现场组装→管道焊接、试压验收，如图4-21所示。

图 4-21　管道预制加工生产线示意图

2. 机电设备模块化技术

以撬装化制冷机房为代表，包含了循环水泵预制单元、集分水器预制单元、空调风机盘管阀门组预制单元等。

1）循环水泵预制单元

其组装施工流程：图纸制作→减震台座浇筑→安装水泵→进出水管道阀门组合体制作→拼装。

制冷机房空间狭小，在施工前充分考虑安装空间，制作精确模型后，再根据模型出施工图，将水泵区域作为一个单元进行预制施工。基础浇筑完成后，再在基础上制作减震台座，后将水泵安装于减震台座上，同时制作水泵进出水管端的管道阀门单元体，制作完成后进行拼装与固定，如图4-22所示。

2）集分水器预制单元

其组装施工流程：图纸制作→集分水器安装→管道及阀门组合体制作→拼装及固定。具体为：先绘制精确制冷机房模型，再根据模型对集分水器区域进行预制单元体施工，将深

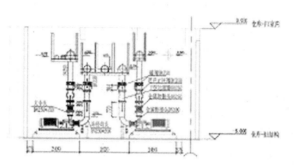

(a) 第 1 步：深化设计图纸制作

(b) 第 2 步：减震台座浇筑

(c) 第 3 步：安装水泵

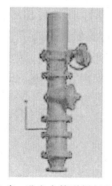

(d) 第 4 步：进出水管道阀门组合体制作

(e) 第 5 步：拼装及固定

(f) 安装完成

图 4-22　循环水泵预制单元组装

化后的集分水器大样图提交厂家进行制作,同时浇筑混凝土基础,集分水器及基础完整后,安装集分水器,集分水器上管道与阀门进行组合预制,预制完成后进行拼装与固定。

3)空调风机盘管阀门组预制单元

其组装施工流程:施工准备→测量→下料→组装→样板验收→批量生产→现场拼装。

空调器、风机盘管总数量基数大,相同规格型号的设备数量较大,空调机房之间的布局也大体相同,相同型号设备的接管阀门组预制组合,为批量生产创造了十分有利的条件,将BIM 模型与现场测量结合起来,由测量下料到预制组合,再到现场拼装,形成流水线施工,大大提高了设备接管的安装效率。

3.机电辅助设施类模块化技术

机电辅助设施类模块化技术以装配式调节型支吊架为代表,克服了传统焊接支吊架存在的一些缺点,包括:①材料浪费;②安全隐患,焊接支吊架制作过程易引燃施工现场的易燃物,存在隐患;③环境污染;④安装成本较高;⑤美观性较差。

装配式调节型支吊架由管道连接的管夹构件与建筑结构连接的生根构件构成,将这两种结构件连接起来的承载构件、减震构件、绝热构件以及辅助安装件,构成了装配式支吊架系统。除可满足不同规格的风管、桥架、系统工艺管道的应用,尤其在错层复杂的管路定位和狭小管笼、平顶内施工,更可发挥灵活组合技术的优越性。根据 BIM 模型确认的机电管线排布,通过数据库快速导出设计支吊架形式,经过强度计算确认支吊架型材选型,设计制作装配式组合支吊架,如图 4-23 所示。现场仅需简单机械化拼装,减少现场测量、制作工序,减少现场测量预制人工,降低材料废弃率,减少安全隐患,实现施工现场绿色、节能。

图 4-23　装配式组合支吊架安装图

4.其他类机电模块化技术

以一体化窗台模块化施工应用为代表,一体化窗台是对原设计风机盘管进行优化排布,节省高层建筑尤其超高层建筑的排布面积,产生重大经济效益,另外达到机电与装饰界面合二为一,使现场施工交叉、复杂、时长等复杂因素变为简单,符合建筑模块化潮流。

图4-24所示为某工程一体化窗台风机盘管优化排布前后对比图。

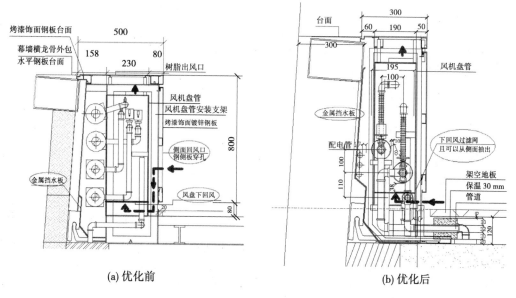

(a) 优化前 (b) 优化后

图4-24 一体化窗台风机盘管优化排布前后对比图

如图4-24(b)所示,主空调管道在下层吊顶内布置,减少对幕墙防火封堵的影响,风盘按190 mm厚设计,总体窗台宽度由500 mm缩减为300 mm;回风形式由侧回改为下回;回风过滤网从下端侧面抽出;风盘由两侧接管,大大提高了有效面积的利用。

一体化窗台模块化施工应用主要优点:窗台板安装与风盘安装施工交叉较多,施工过程中需要大量配合工作,采用一体化施工,由同一家单位进行施工,可以减少施工配合,从而节省施工期,减少工序交叉,提高工作效率,以达到节省工期的效果。一体化窗台模块化施工现场如图4-25所示。

图4-25 一体化窗台模块化施工现场

4.1.4.4 机电模块化组装的优势和意义

模块化组装是现代先进的施工方式,其先进在于大规模进行平行作业,从而大大地缩短了工期。对于传统的机电安装流程为:移交工作面,待设备基本引入到位后,开始进行管道、配件等安装,全部流程为单线施工。模块化组装把它进行了优化,依靠当今的先进技术,将施工现场预制安装等与后方加工厂的预制进行了深度的交叉,也就是将施工现场所需预制加工的管道、风管等预制都放置在后方加工厂,依据初始的 BIM 设计模型,完成制造后运输至施工现场进行施工安装,从而将大大地缩短工期。但是模块化施工方式是有前提条件的,它很大程度上依赖于较先进的制造技术、加工技术与信息集成技术。只有拥有了相当水平的制造加工技术与管理体系,才能实现大量模块精密的对接;只有拥有了相当高的施工管理信息化水平,才能满足平行作业有条不紊地同步管理。

机电模块化组装施工的优点:①机电模块化构件在加工厂预制,便于组织工业化生产、提高工效、减少材料消耗、受季节影响小,并且具有加工速度快、施工简便、组装灵活、用工用料省等优点。②模块化生产可以在后方加工厂预制、组装,做到与现场同步甚至可以提前,这样就能保证加工厂流水作业、现场安装两不误,以节省大量的时间、人力、物力。

针对机电工程安装施工楼层高、体量大,各专业安装管线复杂,机电安装的施工进度对工期影响较大;为确保按照工期保质保量的完工,利用模块化组装技术对机电专业综合廊道管线、竖井管道进行模块化设计、加工,并进行系统模块,通过物流运送到现场,结合现场精确测绘,由装配技术成熟的工人进行组装,以保证模块化施工装配质量。

4.1.5 机电预安装及物流管理

4.1.5.1 基于 BIM 技术的机电预安装

基于 BIM 综合模型,对于施工工艺进行三维可视化的模拟展示或探讨验证,模拟主要施工工序,协助各施工方合理组织施工,并进行施工交底,从而进行有效的施工管理。对机电设备运输方案进行方案模拟,分析确定运输方案是否可行,验证施工方案、材料设备选型的合理性,协助施工人员充分理解和执行方案的要求。

在基于 BIM 技术的机电预安装中,可基于施工组织模型和施工图创建施工工艺模型,并将施工工艺信息与模型关联,输出资源配置计划、施工进度计划等,指导模型创建、视频制作、文档编制和方案交底。

1. 机电预安装内容

1)设备运输及复杂构件安装模拟

设备运输及复杂构件安装模拟时需综合分析柱、梁、板、墙、障碍物等因素,优化设备及构件进场时间点、吊装运输路径和预留孔洞等,通过 BIM 技术进行可视化展示或施工交底。

2)重难点施工方案及复杂节点施工工艺模拟

重难点施工方案及复杂节点施工工艺模拟时需优化节点各构件尺寸、各构件之间的连接方式和空间要求,以及节点施工顺序,通过 BIM 技术进行可视化展示或施工交底。

2. 机电预安装应用流程

针对施工方案、工艺标准、技术交底等文件要求,对需要进行施工工艺模拟的构件或工序进行三维建模和整合。应补充工艺模拟中所需元素及信息。

施工工艺模拟 BIM 应用流程见图 4-26。

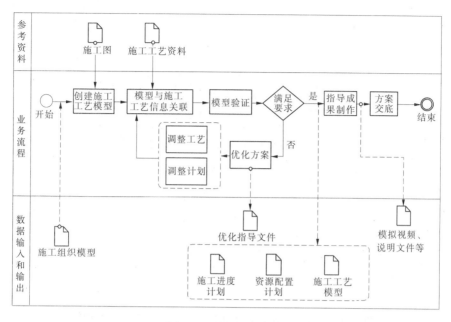

图 4-26　施工工艺模拟 BIM 应用流程

（1）将三维模型导出，生成模拟软件支持的数据格式，在模拟软件中进行集合整理，通过软件的动画功能，添加场景进行工序动画制作，最终进行三维模拟渲染或者工序动画演示等操作。

（2）将生成的成果文件进行展示，并进行进一步探讨验证，最终将模型应用在现场指导施工。

4.1.5.2　机电预安装应用案例

1. 模块化设计组合安装工艺模拟

如图 4-27 所示为某工程通过 BIM 技术模拟使用行走式提升机安装走廊机电模块。

图 4-27　某工程通过 BIM 技术模拟使用行走式提升机安装走廊机电模块示意图

2. BIM 技术辅助设备预安装模拟

如图 4-28 所示为某工程制冷机组通过 BIM 技术进行预安装，在模拟软件中能够清楚地知道制冷机组在整个吊装过程中与障碍物之间的距离,通过软件模拟验证该吊装运输方案是可行的。

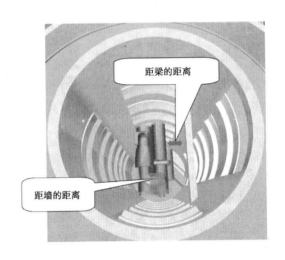

图 4-28　某工程制冷机组通过 BIM 技术进行预安装示意图

4.1.5.3　机电模块产品物流管理

基于 RFID 技术的机电模块产品物流管理系统基本作业流程(见图 4-29)包括接受订货、订货、进货、入库、分拣、托盘分配、出货、配送、交货等环节,每个环节都通过机电模块产品物流管理系统存储、更新有关信息。因此,每个环节都需要使用机电模块产品物流管理系统。整个作业流程从项目订货开始,到交货给项目结束。

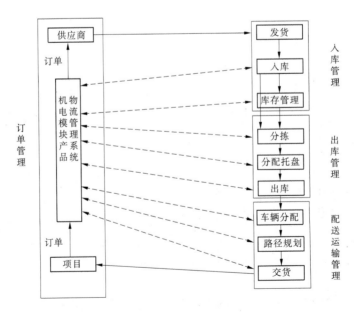

图 4-29　基于 RFID 技术的机电模块产品物流管理系统基本作业流程

主要管理过程为：

（1）机电模块产品订单处理。首先由项目提交订单,物流管理系统处理各个项目的订单,定期把项目订单汇总发给供应商,供应商根据项目订单发货。

（2）机电模块产品入库管理。供应商发货后,货物通过配送中心的入口时便由 RFID 阅读器自动采集所有货物的信息,并将货物信息存入数据服务器数据库,完成入库登记,货物完成入库储存。

（3）机电模块产品库存管理。货物入库后,通过固定式的 RFID 阅读器自动完成清点作业,并在数据库中更新库存信息,同时通过装有 RFID 阅读器的货架实时监控货物的库存及位置信息,实现智能库存管理。

（4）机电模块产品出库管理。出库管理主要分为分拣、分配托盘和出库登记。在分拣和分配托盘的环节中,首先根据项目订单对货物进行分拣;同时根据各个托盘的容量、已装货物的多少和货物的目的地等信息,智能分配货物给托盘,并在托盘的 RFID 上记录有关信息和更新数据库中的货物位置与状态;分配托盘之后,在配送中心出口进行出货登记,出货登记也是由 RFID 阅读器自动采集所有出货货物的信息,并在数据库中记录,完成货物出库。

（5）机电模块产品配送运输管理。配送运输管理主要包括车辆分配、车辆路径规划、交货登记。出货完成后,进入配送运输环节,该环节首先根据各个托盘中的货物信息,确定运送每个托盘的车辆,并对各个车辆进行路径规划,完成车辆的智能分配和路径选择;货物在运输途中,借助 GPS 定位系统,准确地了解货物的位置与完备性,对货物配送运输进行实时监控,并对车辆路径进行动态规划,确保货物能够准时、完好地送达目的地;到达目的地后,交货给项目,通过车载 RFID 阅读器对交付货物进行识别与登记,确保货物与订单完全一致,并与物流管理系统通信,反馈交货信息,这样就完成了整个业务流程。

4.2 集成式卫生间施工

卫生间整体设计是近年来随着全装修住宅而出现的一种设计装修趋势,是把卫生间作为住宅中完整的产品来对待,涉及设计、生产、施工各个环节,由建筑、结构、水、电、暖通等各专业设计人员及各类产品设备的开发人员共同参与完成,其实质就是卫生间部品的集成。

4.2.1 集成式卫生间简介

集成式卫生间由工厂生产的楼地面、吊顶、墙板和洁具设备及管线等集成并主要采用干式工法装配完成的卫生间,整体式卫生间（见图 4-30）也称为模块化预制卫生间（Modular Prefab Bathroom Pods,简称 POD）,它是在工厂化组装控制条件下,遵照给定的设计和技术要求进行精准生产,在质量和成本上达到最优控制。一套成型的集成式卫生间产品包括顶板、壁板、防水底盘等外框架结构,也包括卫浴间内部的五金、洁具、瓷砖、照明,以及水、电、风系统等内部组件,可以根据使用需要装配在酒店、住宅、医院等环境中,为"即插即用"的成型产品。

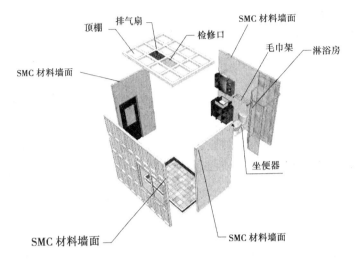

图 4-30　整体式卫生间分解示意图

4.2.2　部品进场检验及存放

4.2.2.1　部品进场检验

进入现场的部品应具有出厂合格证及相关质量证明文件,产品质量应符合设计及相关技术标准要求。每个产品应进行进场检验,检验项目均应符合相应要求,判定该产品为合格。如出厂检验项目中某项不合格,允许采取补救措施,补救后仍不符合要求,判定该产品为不合格,主要检查项目如下:

(1)整体浴室内空间尺寸允许偏差为 ±5 mm。

(2)整体浴室有在应急时可从外面开启的门。

(3)坐便器及洗面器产品自带存水弯或配有专用存水弯,水封深度至少为 50 mm。

(4)坐便器为节水型。

(5)浴缸:玻璃纤维增强塑料浴缸应符合《玻璃纤维增强塑料浴缸》(JC/T 779—2010)的规定;FRP 浴缸、丙烯酸浴缸应符合《住宅浴缸和淋浴底盘用浇铸丙烯酸板材》(JC/T 858—2000)的规定;搪瓷浴缸应符合《搪瓷浴缸》(QB/T 2664—2004)的规定。

(6)洗面器、坐便器等陶瓷制品应符合《卫生陶瓷》(GB 6952—2015)的规定,采用人造石或玻璃纤维增强塑料等材料,应符合《人造玛瑙及人造大理石卫生洁具》(JC/T 644—1996)和相关标准的规定。

(7)配件包括浴缸水嘴、洗面盆水嘴、淋浴水嘴、坐便器配件及排水配件等。水嘴应符合《水嘴通用技术条件》(QB/T 1334—2013)的规定;坐便器配件应符合《坐便器坐圈和盖》(JC/T 764—2008)的规定,排水配件应符合《卫生洁具排水配件》(JC/T 932—2013)的规定;排水配件采用耐腐蚀的塑料制品、铝制品时,都应符合相应的标准规定。

(8)电器包括照明灯具、排风扇、电插座及烘干器等,应符合《家用和类似用途电器的安全 第 1 部分:通用要求》(GB 4706.1—2005)及其他相应标准;插座接线应符合《建筑电气工程施工质量验收规范》(GB 50303—2015)的要求。除电气设备自带开关外,外设开关置于卫浴间外。

(9)其他构配件包括毛巾架、浴帘杆、手纸盒、肥皂盒、镜子及门锁等,配件采用防水、不易生锈的材料,并应符合相关标准的规定。

4.2.2.2　现场存放

现场临时堆放点应尽量安排集成式卫生间到场的批次、数量,与现场吊装就位的施工进度互相匹配,避免大批量成品的堆积。考虑到集成式卫生间的成品保护,临时存放应重点考虑如下几点:

(1)应认真规划临时堆放点,堆放点位置应尽量布置在塔吊的吊装范围内,以避免场内二次运输作业。如因场地条件限制而超出了塔吊的吊装范围,则卫生间部品安装时需进行二次运输作业,堆放点应尽量布置在通道畅通的位置。

(2)部品自重最大可达 5 t,为避免卫生间的变形损坏,要求堆放地面平整,不得有凹凸,并放置长条方木,一方面避免积水浸泡,另一方面也方便叉车叉取。

(3)堆放点需保证良好的排水能力,具有良好的防雨和防砸措施。

4.2.3　安装与连接

卫生间安装分为整体式卫生间安装及拼装式卫生间安装,其各自工艺流程如图 4-31 所示。

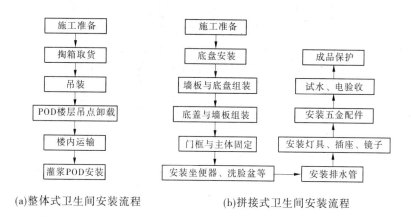

(a)整体式卫生间安装流程　　　(b)拼接式卫生间安装流程

图 4-31　卫生间安装工艺流程

4.2.3.1　施工准备

1.施工测量

(1)根据工程现场设置的测量控制网及高程控制网,利用经纬仪或全站仪定出建筑物的四条控制轴线,将轴线的相交点作为控制点。测量放线图如图 4-32 所示。

(2)针对整体式卫生间,根据控制轴线及控制水平线依次放出建筑物的纵、横轴线,每块部品安装均有纵、横两条控制线,并以控制轴线为基准在结构楼板上弹出部品进出控制线、每块部品水平位置控制线以及安装检测控制线。构件安装后楼面安装控制线应与部品安装控制线(见图 4-33)吻合。

(3)针对拼接式卫生间安装测量,依据统一测定的装饰、装修阶段轴线控制线和建筑标高 +50 cm 线,引测至卫生间内,测定十字控制线并弹于地面和墙面上,按顶棚标高弹出吊顶完成面线,再上量 200 mm 弹上设备管线安装最低控制线,以此作为控制机电各专业管线安装和甩口的基准。

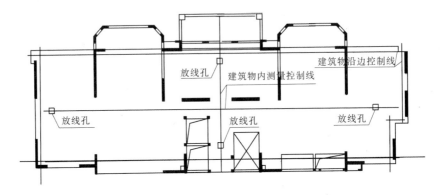

图 4-32　测量放线图

图 4-33　部品安装控制线

2. 吊装器具

在部品生产过程中留置内吊装杆及吊点,现场采用专用吊钩与吊装绳连接,并对主要吊装机械器具检查,确认其必要数量及安全性,吊装及转运部品(件)用具如图 4-34 所示。

3. 吊装准备

预制部品运抵施工现场后,即需进行吊装作业,由于起吊设备、安装与制作状态、作业环境不同,需要重新确定起吊点位置及选择起吊方式。

(1)须将起吊点设置于部品重心部位,避免部品吊装过程中由于自身受力状态不平衡而出现旋转问题。

(2)当部品生产状态与安装状态构件姿态一致时,尽可能将施工起吊点与部品生产脱模起吊点相统一。

(3)当部品生产状态与安装姿态不一致时,尽可能将脱模用起吊点设置于安装后不影响观感部位,并加工成容易移除的方式,避免对部品观感造成影响。

(4)考虑安装起吊时可能存在的部品由于吊装受力状态与安装受力状态不一致而导致不合理受力开裂损坏问题,设置吊装临时加固措施,避免由于吊装而造成损坏。应根据部品形状、尺寸及重量要求选择适宜的吊具,在吊装过程中,吊索水平夹角不宜小于60°,不应小于45°,保证吊车主钩位置、吊具及部品重心在竖直方向重合。

(a) 吊装构件吊钩

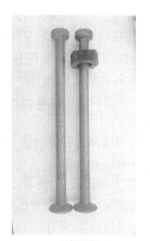
(b) 预埋吊杆

(c) 起重链条吊具

(d) 扁平吊装带

(e) 吊装托盘

(f) 液压平板车

(g) 转盘设备移位器

图 4-34　吊装及转运部品(件)用具

4.2.3.2　基础验收

(1)针对整体卫生间产品自带防水底板,为保证其就位后卫生间内地面与客房内地面水平,整体卫生间安装前应具备的条件如下:

①确定楼面运输路线及运输路线上地面、顶板的修整。结合施工工期、POD 本身高宽尺寸与安装顺序,应选择走廊通道及房间降板后部空间两条通道进行运输,必须提前清理运输路线上存在地面不平、楼板顶部有突出物等阻碍 POD 运输的障碍物。

②POD 降板处理。POD 安装标高对降板标高有严格要求。结构设计时根据整体卫生间底板厚度以及就位时底板灌装厚度预留一定深度的降板槽。在安装前对降板进行剔凿、打磨,将降板标高修整至可安装范围内。

(2)针对分片组装式卫生间,外饰墙体为轻质隔墙,整体卫浴需在轻质隔墙墙板封板之前进行安装。整体浴室安装前应具备以下条件:

①二次砌筑、轻钢龙骨轻质隔墙及地面找平、防水完毕。

②墙体电气配管及电位甩点安装完毕,顶部线盒按整体卫浴型号要求安装完毕。

③排风管、给水排水甩口完毕,甩口位置、高度、阀门安装部位按整体浴室型号要求安装完毕。

4.2.3.3 基础找平

标高定位:根据标高图纸,在降板四角及中心放置灰饼作为 POD 标高控制,中心灰饼标高比四周灰饼标高低 1/16″(1.5 mm),见图 4-35。

4.2.3.4 安装施工

1. 整体式卫生间安装

(1)垂直运输:利用塔吊将整体卫生间连同吊笼一起吊装至安装楼层的移动卸料平台上,将吊装笼地板边缘放置在卸料平台靠近楼板边缘处,此时应确保吊笼底板与楼板水平,方能使液压平板车将整体卫生间从吊笼中顺利拉出,同时应用安全绳索将吊装笼与建筑物相连接,防止在整体卫生间取出的过程中吊装笼移动。整体卫生间达到就位楼层后可先放置在楼层临时堆放点,继续将剩余卫生间垂直运输至相应楼层,如图 4-36 所示。

(2)楼层吊点卸载:在楼面吊点处楼板上使用长钩

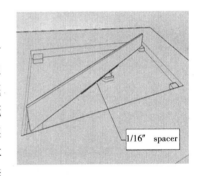

图 4-35 灰饼放置示意图

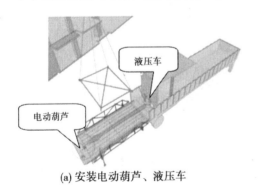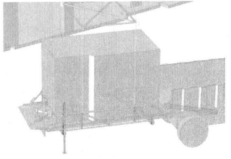

(a) 安装电动葫芦、液压车 　　(b)POD 在吊篮上的完成图

图 4-36 整体式卫生间垂直运输

勾住吊篮,并利用吊篮上的绑带,慢慢将吊篮放置液压车的一侧旋转至正对楼面吊点进口;塔吊缓慢下放吊篮,直至吊篮搭接部位轻微接触到楼层板时,立即停止塔吊,且接触板设置

可向上活动百叶,避免吊篮受力向后翻转,使吊篮一端搭接在楼层吊点处楼板上,使用倒链及钢丝绳与吊篮连接,见图4-37。

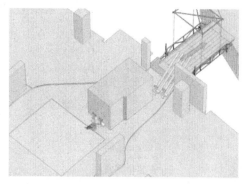

(a) 使用倒链及钢丝绳将吊篮固定　　　　　　　(b)POD 移至楼层内

图 4-37　POD 水平移动

(3)楼内运输:已进入楼层的 POD,根据其类型及规划好的楼内运输路线按照设计批准的 POD 摆放排布图进行楼内运输,并将 POD 摆放至所需安装的位置,见图4-38。

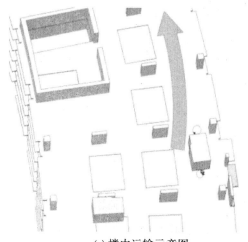

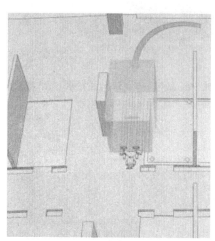

(a) 楼内运输示意图　　　　　　　　　　(b) 移至降板边缘

图 4-38　楼内运输

(4)灌浆:平层在 POD 完成安装车的安装后,POD 安装前应进行灌浆。POD 灌浆使用自流平灌浆料,使用搅拌机将灌浆料搅拌均匀,灌浆料不得出现结块现象。将灌浆料倾倒在降板区域内,灌浆料高度与灰饼高度齐平,并使用振捣棒将灌浆料振捣均匀。

(5)就位:集成式卫生间牵引至指定位置后,需复核位置偏差,位置偏差应满足设计要求。复核位置无误后,将卫生间就位至降板槽内,操作动作应缓慢,安装就位后需保证降板槽与卫生间底板间的间距满足灌浆间隙要求,如图4-39所示。

2. 拼接式卫生间安装

整体浴室部件根据墙板材料及结构方式不同,安装略有区别。但基本流程可归结为底盘安装、墙板连接、顶板安装、内部设备安装(见图4-40)。

(1)安装下水口、坐桶排污管及给水系统管架。

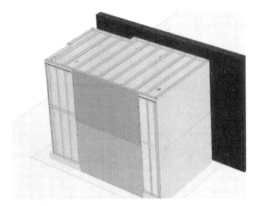

(a) 安装位置复核   (b)POD 安装完成示意图

图 4-39　POD 安装就位

(a) 摆放 SMC 地板，安装脚架及排水   (b) 浴缸底座与 SMC 地板连接   (c) 墙框的安装

(d) 墙板的安装   (e) 浴缸与侧墙板的安装

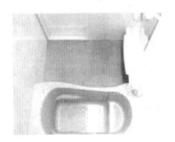

(f) 天花板的安装   (g) 零部件的安装

图 4-40　拼接式卫生间安装

（2）在刚浇灌完的混凝土墩上把底盘固定住，并用微调螺栓调平。

（3）墙板安装：在底盘边缘上立 4 块墙板，将接缝处卡子打紧，并在各接缝处用密封胶嵌实;安装浴盆,并将下水口接好,调平浴盆,安装其余5块墙板,方法同前4块,并嵌好各道接缝。

(4)顶板及其余零件的安装:先安装两侧顶板,然后安装中间一块,最后把顶板缝用塑料条封好,随后安装门口、门窗,用螺丝紧固。

(5)按图纸设计要求摆放卫生设备,连接各管道接口。

4.2.3.5 接口连接

(1)各种卫生器具石面、墙面、地面等接触部位使用硅酮胶或防水密封条密封。

(2)底盘、龙骨、壁板、门窗的安装均使用螺栓连接,顶盖与壁板使用连接件连接。

(3)底盘底部地漏管与排污管使用胶水连接,在底盘面上完成地漏和排污管法兰安装。

(4)定制的洁具、电气和五金件等采用螺栓与底盘、壁板连接。给水排水管与预留管道连接,使用专用接头,胶水黏结。

(5)台下盆须提前安装在人造石台面预留洞口位置,采用云石胶黏结牢固,接缝打防霉密封胶,水槽与台面连接方式如图4-41所示。

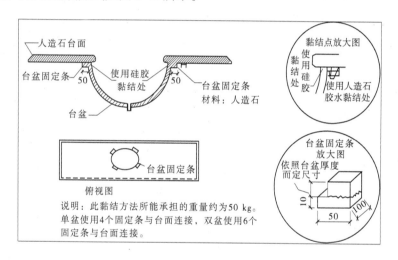

图4-41 水槽与台面连接示意图

4.2.3.6 接缝处理

(1)完成集成式卫生间与建筑结构主体风、水、电系统管线的接驳后,经验收合格方对整体式卫生间底板与降板槽缝隙进行灌浆。

(2)所有板、壁接缝处打密封胶。

(3)螺栓连接处使用专用螺母覆盖,外圈打密封胶。

(4)底板与墙板、墙板与墙板之间及顶板之间均用特制钢卡子连接。

4.2.4 质量检验、验收及成品保护

4.2.4.1 质量检验

1. 前期工作

前期工作质量检验要求与标准见表4-11。

表 4-11　前期工作质量检验要求与标准

内容	质量检验要求与标准
卫生间地漏、排污孔洞	地漏孔 de180 mm，排污孔 de150 mm，与浴室底盘孔对应，地面平整度为 ±2 mm
卫生间冷、热水给水立管与支管	符合浴室给水安装要求，预留 DN15 mm 外丝，端口平整与墙面垂直向外
卫生间排水排污立管	无渗漏，立管三通口为 de110 mm，与浴室管道走向对应，符合浴室管道安装高度
卫生间电源控制与电源线的预留	电源接线盒预留距地面 2 500 mm 以上位置，按设计要求分组预留长度 1.5 m 的电源线
卫生间门洞高度与宽度的尺寸	与浴室门洞的高度、宽度尺寸相吻合，门套安装与墙体、门过梁无干涉
卫生间窗户高度与宽度、进深尺寸	根据窗洞尺寸，确定浴室开窗尺寸与位置，要求与浴室内安装部件无干涉
卫生间排风管道位置与孔洞的预留	排风孔距地面 2 500 mm，孔洞为 de110 mm，排风通畅

2. 整体卫生间质量检验

整体卫生间性能指标见表 4-12。

表 4-12　整体卫生间性能指标

检测项目		部位	性能
通电		电气设备	工作正常、安全、无漏电
光照度(lx)		整体浴室内	>70
		洗面盆上方处	>150
耐湿热性		玻璃纤维增强塑料制品	表面无裂纹、无气泡、无剥落、无明显变色
电绝缘	绝缘电阻(MΩ)	带电部位与金属配件之间	>5
	耐电压	电器设备	施加 1 500 V 电压，1 min 后无击穿和烧焦
强度	耐砂袋冲击	壁板、防水盘	无裂纹、剥落、破损
	挠度(mm)	顶板	<7
		壁板、防水盘	<7
		防水盘	<3
连接部位密封性		壁板与壁板、壁板与顶板、壁板与防水盘连接处	试验后无漏水和渗漏
配管检漏		给水管、排水管	无渗漏

3. 部品质量检验

部品质量检验要求与标准见表 4-13。

表 4-13　部品质量检验要求与标准

部品	安装内容	质量检验要求与标准
底盘	干湿区地漏、面盆排水管	去孔周边毛刺,清理灰尘,拧紧,排水管 PVC 胶涂抹均匀饱满
	底盘调整水平	安装水平稳固,无空响、损伤、积水,平板底盘排水坡度为 10%
墙板	墙板与墙板加强筋	表面平整,上下平齐,墙板拼接缝隙 ≤1 mm,安装螺钉间距为 250~300 mm
	冷、热给水管,管夹	管夹间距为 500 mm,水管上热下冷、横平竖直
	墙板、冷热给水管	墙板连接件插入到位,阴、阳角为 90°,组装缝隙 ≤1 mm,表面平整、垂直
	门上加高墙板	墙板表面与门框内表面平齐,墙板两端头与门框竖边平齐,平整度 ≤1 mm
	平开门	门框水平垂直,垂直度误差 ≤1 mm,门开关无异响,门叶四周间隙均匀
	墙板固定夹	固定夹间距为 600 mm,每边单块墙板要求安装 2 个,墙板与底盘挡水边沿平齐稳固
天花板	测量出天花板	内空尺寸与底盘内空尺寸一致,误差 ≤1 mm
	天花板	表面平整垂直,拼接缝隙小,平整度误差 ≤1 mm
踢脚线	从阳角处依次踢脚线	阴、阳角为 90°,拼接缝隙 <1 mm
附件	洗面台、洗面盆与洗面盆水嘴	台面水平、稳固,水平误差 ≤1 mm,水嘴按左热右冷控制,表面无损失
下水管	PVC 管	横向支管排污管坡度为 2%
试水 试电	排水系统	用看与触摸的方式检查浴室内、外各排水接点无渗漏
	通电试验	各种电气灯具、插座、排气扇等通电、开关正常

4.2.4.2　质量验收

1. 一般要求

整体浴室部品的安装验收应遵循《住宅室内装饰装修工程质量验收规范》(JGJ/T 304—2013)的相关规定。

（1）底层标高准确,误差 ≤ ±1 mm。

（2）底盘四角水平,相对高差 ≤ ±1.5 mm。

（3）墙板接缝平顺,相邻墙板水平缝无高差。

（4）嵌缝应严密、顺直。

（5）各部位的连接卡具和螺钉要上全、上紧。

（6）水暖管各接口应严密,不得有跑、冒、滴、漏现象。

2．主控项目

（1）细木制品（梳妆台、镜台等）的树种、材质等级、含水量和防腐处理，必须符合设计和施工规范要求。

（2）五金配件、细木制品与基层（木砖、膨胀螺栓等）镶钉必须牢固，无松动。

（3）五金配件制品（毛巾架、手纸盒、洁具架、浴帘杆等）的材质、光洁度、规格尺寸必须符合设计和相应标准要求。

检查方法：观察、手摸和质量检查，并检查产品合格证书。

3．基本项目

（1）厕浴间内细木制品表面质量要求应符合细木制品的有关规定。

（2）五金配件（浴帘杆、浴巾架、面巾架、卷纸架、口杯架、浴盆拉手）安装位置正确、牢固，横平竖直，镀膜无损伤、无污染，护口遮盖严密。

检查方法：观察、手摸、尺量检查。

4.2.4.3　成品保护

灌水试验完成后，清理作业垃圾，用塑料保护膜覆盖整体卫生间，并对安装成品采用包裹、覆盖、贴膜等可靠措施进行封存保护。

4.3　集成式厨房施工

由于我国经济快速增长，人们生活水平也得到了提升，对生活品质的要求也随之提高，其中就包括了对住宅居住品质的要求，这使得住宅厨房的质量和功能得到发展，厨房中橱柜设备逐渐从单件的产品发展为系列化的部品。在国外发达国家，住宅厨房橱柜早已经实现系列化设计，并随着工业化的发展，得到了迅速推广，集成式厨房的概念就在这种形势下产生了。

4.3.1　集成式厨房简介

集成式厨房是由工厂生产的楼地面、吊顶、墙面、橱柜、厨房设备及管线等集成并主要采用干式工法装配完成的厨房。整体厨房是将厨房部品（设备、电器等）按人们所期望的功能以橱柜为载体，将燃气具、电器、用品、柜内配件依据相关标准，科学合理地集成一体，形成空间布局最优、劳动强度最小并逐步实现操作智能化和实用化的集成式厨房（见图4-42）。它是以住宅部品集成化的思想与技术为原则来制定住宅厨房设计、生产与安装配套，使住宅部品从简单的分项组合上升到模块化集成，最终实现住宅厨房的商品化供应和专业化组装服务。

厨房部品集成的前提是住宅的各部件尺寸协调统一，即遵循统一的模数制原则，模数是装配式整体厨房标准化、产业化的基础，是厨房与建筑一体化的核心。模数协调的目的是使建筑空间与整体厨房的装配相吻合，使橱柜单元及电器单元具有配套性、通用性、互换性，是橱柜单元及电器单元装入、重组、更换的最基本保证。因此，建筑空间要满足橱柜模数尺寸系列表和橱柜安装环境的要求，橱柜、电器、机具及相关设施要满足产品模数。

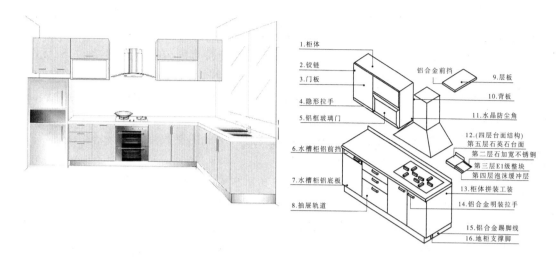

（a）集成式厨房示意图　　　　　　　　　　　（b）厨房分解示意图

图 4-42　集成式厨房示意图

4.3.2　部品进场检验及存放

4.3.2.1　部品进场检验

进入现场的部品应具有出厂合格证及相关质量证明文件,产品质量应符合设计及相关技术标准要求。集成式厨房的外观质量不应有严重缺陷,且不宜有一般缺陷。对已出现的一般缺陷,应按技术方案进行处理,并应重新检查,主要检查项目如下:

（1）人造板台面和柜体表面应光滑,光泽良好,无凹陷、鼓泡、压痕、麻点、裂痕、划伤和磕碰伤等缺陷,同一色号的不同柜体的颜色应无明显差异。

（2）大理石台面不得有隐伤、风化等缺陷,表面应平整、无棱角,磨光面不应有划痕,不应有直径大于 2 mm 的砂眼。

（3）玻璃门板、隔板不应有裂纹、缺损、气泡、划伤、砂粒、疙瘩和麻点等缺陷。无框玻璃门周边应磨边处理,玻璃厚度不应小于 5 mm,且厚薄应均匀,玻璃与柜的连接应牢固。

（4）电镀件镀层应均匀,不应有麻点、脱皮、白雾、泛黄、黑斑、烧焦、露底、龟裂、锈蚀等缺陷,外表面应光泽均匀,抛光面应圆滑,不应有毛刺、划痕和磕碰伤等。

（5）焊接部位应牢固,焊缝均匀,结合部位无飞溅和未焊透、裂纹等缺陷。转篮、拉篮等产品表面应平整,无焊接变形,钢丝间隔均匀,端部等高,无毛刺和锐棱。

（6）喷涂件的表面组织细密,涂层牢固、光滑均匀,色泽一致,不应有流痕、露底、皱纹和脱落等缺陷。

（7）金属合金件应光滑、平整、细密,不应有裂纹、起皮、腐蚀斑点、氧化膜脱落、毛刺、黑色斑点和着色不均等缺陷。装饰面上不应有气泡、压坑、碰伤和划伤等缺陷。

（8）塑料件产品表面应光滑、细密、平整,无气泡、裂痕、斑痕、划痕、凹陷、缩孔、堆色和色泽不均、分界变色线等缺陷,颜色均匀一致,并符合图样的规定。

（9）柜体外形宽、深、高的极限偏差应在 ±1 mm 内,台面板两对角线长度之差不得超过 3 mm。

（10）铰链的性能应符合下列规定：打开角度不应小于 95°，开闭时不应有卡死或出现摩擦声；前后、左右、上下可调范围不应超过 2 mm。

（11）滑轨的性能应符合下列规定：滑轨各连接件应连接牢固，在额定承重条件下，无明显摩擦声和卡滞现象，滑轨滑动顺畅；镀锌、烤漆处理的滑轨应分别符合现行国家标准《金属及其他无机覆盖层钢铁上经过处理的锌电镀层》（GB/T 9799—2011）的规定；喷塑处理的滑轨，喷塑层厚度不应小于 0.1 mm。

（12）拉手的性能应符合下列规定：安装孔距宜为 32 mm 的整数倍；盐浴和酸浴试验后，直径小于 1.5 mm 的斑点数不应大于 8 个。

（13）水嘴性能应符合现行国家标准《陶瓷片密封水嘴》（GB 18145—2014）的规定。

4.3.2.2 现场存放

进场的橱柜收纳产品必须存放在指定的仓库内，仓库应保持干燥、通风、远离火源；堆码高度不超过 1.5 m，以防止压损。部品堆放应符合下列规定：

（1）堆放场地应平整、坚实，并应有排水措施。

（2）预埋吊件应朝上，标识宜朝向堆垛间的通道。

（3）部品支垫应坚实，垫块在部品下的位置宜与脱模、吊装时的起吊位置一致。

（4）重叠堆放部品时，层间垫块应上下对齐，堆垛层数应根据部品、垫块的承载力确定，并根据需要采取防止堆垛倾覆措施；堆放部品时，应根据部品的起拱值大小和堆放时间采取相应措施。

4.3.3 安装与连接

安装工艺流程见图 4-43。

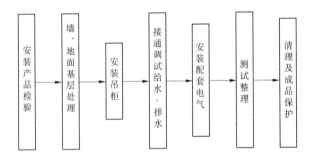

图 4-43 安装工艺流程

4.3.3.1 施工准备

每块卫生间部品水平位置控制线以及安装检测控制线与集成式卫生间施工测量相同，吊装器具和吊装准备工作与集成式卫生间安装类似。

4.3.3.2 基础验收

1. 拼接式厨房

（1）厨房尺寸满足图纸设计要求。墙面垂直度、平整度偏差：0～3 mm，2 m 靠尺检查；阴阳角方正度：0～4 mm，角尺检查；柜体嵌入尺寸（宽、高、深度）偏差：0～5 mm，卷尺测量，不同位置对比；与设计值的允许偏差：±10 mm。

（2）施工墙面、地面上的障碍物清理完毕。

（3）施工单位须到现场复核全部橱柜安装位置的毛坯尺寸和精度、水电气接驳条件。墙体电气配管及电位甩点安装完毕,顶部线盒按整体厨房型号要求安装完毕。

（4）烟道口预留孔、给水排水甩口完毕,甩口位置、高度和燃气管道安装位置按整体厨房型号要求安装完毕。

2. 集成式设计厨房

（1）二次砌筑、轻质隔墙及地面找平施工完毕,并验收完成。

（2）厨房的顶面、墙面材料宜防火、抗热、易于清洗。

（3）厨房给水、排水、燃气等各类管线应合理定尺定位预埋完成,管线与产品接口设置互相匹配,并应满足整体厨房使用功能要求。

4.3.3.3　基础找平

（1）在厨房基层清理完成后,利用水准仪、塔尺等仪器,集合建筑结构标高控制网和控制点对厨房部品安装位置进行测设,配合激光扫平仪,标定部品安装标高控制线。

（2）针对整体安装式厨房,地面进行找平操作:在安装点用混凝土设 4 个方形混凝土墩,每个混凝土墩上表面需用水平尺找平,确保安装后满足设计要求。

4.3.3.4　安装与定位

1. 整体式吊装

整体厨房吊装施工方式与整体卫生间吊装施工相似,其控制要点在于集成部品与建筑结构之间的连接点,住宅部品间、部品与半部品间的接口依界面主要有三种类型:

（1）固定装配式。如住宅室内的围护部分、有特定技术要求的部位、保温墙、隔音墙等,采用专用黏结剂安装固定连接方式。

（2）可拆装式。如划分室内空间的隔墙,可采用搭挂式金属连接,接缝用密封胶密封连接,表面不留痕迹,以便后期变更或更换表面装修材质。

（3）活动式装配。内部装修部品也可与结构部品"活动式"装配。

2. 拼接式厨房

（1）厨房吊顶:有吊顶的厨房选择整体吊顶、集成吊顶,材料应防火、抗热、易清洗;无吊顶的厨房宜采用防水涂料做装饰喷涂。

（2）厨房墙面:厨房非承重围护隔墙选用工业化生产的成品隔板,现场组装;厨房成品隔断墙板应有足够的承载力,满足厨房设备固定的荷载需求。

（3）厨房地面选择防滑、吸水率低、耐污染、易清洁的瓷砖、石材或复合材料。

（4）吊柜安装:按设计高度或根据现场实际测量情况画线,先在墙上开洞安装两个挂片,提高柜子在墙壁上的安全性,避免放置柜子发生倾斜;挂片固定好之后将吊柜挂上,对其进行水平调整,以确保柜体间对称,如图 4-44 所示。

（5）地柜安装:地柜安装要求高于吊柜,要注意配合导轨、拉篮等的安装,对尺寸精度要求严格。将柜体倒放在打开的包装膜上,把调节脚安装到柜体底板上的调节脚底座上,用直尺作参照并调节地脚高度一致,然后将已装好调节脚的地柜按设计图纸所示摆放;按照图纸和安装顺序摆置,用水平尺测量其上平面是否水平,若不水平必须重新调整地脚,通过调节地脚,用水平尺检测整组柜体的水平与垂直度,确保整组柜体水平和垂直。安装时注意每个柜子底板与地面的距离,以保证不会影响踢脚板的安装。橱柜地柜接水铝箔采用 0.35 mm 厚整体压型铝箔板,左、右、靠墙卷边 10 mm 折弯,靠外侧向下卷边包住连接板。铝箔板卷

(a) 挂片固定吊柜

(b) 现场拼装

图 4-44　吊柜安装

边的两个阴角接缝,现场采用中性防霉硅酮密封胶打胶密封。地柜安装如图 4-45 所示。

(a) 地柜支脚安装

(b) 调整地柜支脚水平

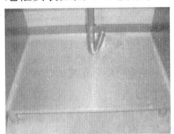
(c) 地柜接水铝箔

图 4-45　地柜安装

（6）台面安装：安装位置调整水平后打磨台面,清扫台面废料,后安装灶具、水槽及龙头的洞口,如图 4-46 所示。

(a) 灶具安装

(b) 水槽安装

图 4-46　灶具及水槽安装

（7）柜门、抽屉安装：将现场装配好的柜门逐个安装至柜体,规定好位置后再调整铰链,以保证启用时的舒适度；对工厂加工好的抽屉组装,并安装饰面板和拉杆。

（8）柜体门板调节：调整后柜体要放正,与搁板整体厨房设备安置的四边贴合；封边严密、不漏胶；门开合时铰链灵活有弹性,门缝大小一致、平整。

（9）嵌入式电冰箱安装：嵌入式电冰箱的散热装置一般是在上方或下方，安装时，要预留上方或下方的散热空间，外观可做装饰用的通风栅板。冰箱后面也应留有适当空间，避免直接与壁面贴合，至少预留不低于 5 cm 的散热空间。

（10）嵌入式微波炉：嵌入式微波炉要注意在橱柜的背板部分设计出热气发散的通道。门的位置一定要安排在电器的一侧，设在后面会因深度不够而导致电器不能安全到位，方便以后维修更换。

（11）细部调整：部件安装完毕，为了保证安装的最佳效果，对产品的门板、柜体及其工作的细节进行调整，调整的结果符合产品安装质量标准。柜体和门板的调整，橱柜安装位置符合图纸要求，柜体摆放协调一致，地柜及吊柜应保持水平。对整套橱柜的门板和抽屉进行全面调节，使门板和屉面的上下、前后、左右分缝均匀一致，符合客户要求。调整完毕，将柜体的五金配件安装到位，相关电器产品也根据要求安装到位。

4.3.3.5　接口连接

（1）吊柜的连接方式：木梢连接、二合一连接件连接和螺丝钉连接，连接螺栓宜使用膨胀螺栓。

（2）排水机构（落水滤器、溢水嘴、排水管、管路连接件等）各接头连接、水槽及排水接口的连接应严密，软管连接部位用卡箍紧固。

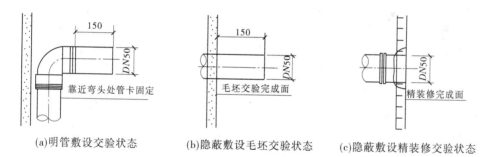

（a）明管敷设交验状态　　（b）隐蔽敷设毛坯交验状态　　（c）隐蔽敷设精装修交验状态

图 4-47　排水接口墙面方式

（3）燃气器具的进气接头与燃气管道接口之间的软管连接部位用卡箍紧固，不得有漏气现象。

（4）暗设的燃气水平管，可设在吊顶内或管沟中，采用无缝钢管焊接连接。

（5）水槽应配置落水滤器和水封装置，与排水主管道相连时，采用硬管连接。

（6）预埋塑料胀栓：柜体及门板用于固定五金配件处的全部螺丝孔必须在工厂预埋塑料胀栓（见图 4-48），严禁螺丝直接固定在板材上，以保证安装牢固、可重复拆卸；侧板上用于活动承上下调节的孔位需配孔位盖；门板背面用于固定拉手螺丝孔处需配孔位盖。

4.3.3.6　接缝处理

（1）安装完毕后，部件与墙体接触部位、水槽所有连接部位打硅胶处理。

（2）挡水与墙面留有 5 mm 内伸缩缝，打密封胶密封，灶具边与台面基础部位做隔热处理。

（3）橱柜的收口、封管的收口、橱柜台面与厨房窗台的收口、上下柜与墙面的收口、踢脚板压顶线与地面和吊顶的收口，用勾填硅胶处理，收口应平滑。

 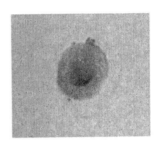

图 4-48　预埋塑料胀栓

4.3.4　质量检验、验收及成品保护

4.3.4.1　质量检验

1.一般规定

(1)施工过程中应保持产品外表面原有状态,不得有碰伤、划伤、开裂和压痕等损伤现象。

(2)橱柜安装位置应按家用厨房设备设计图样要求进行,不得随意变化位置。

(3)橱柜摆放应协调一致,台面及吊柜组合后应保证水平。对门板应进行全面调节,使门板上下、前后、左右齐整,缝隙度均匀一致。

2.部品检验

(1)部品安装尺寸公差应符合如下规定:不锈钢及人造贴面板台面及前角拼缝应小于或等于 0.5 mm,人造石台面应无拼缝;吊柜与地柜的相对应侧面直线度允许误差小于或等于 2.0 mm;在墙面平直条件下,后挡水与墙面之间距离应小于或等于 2.0 mm;橱柜左右两侧面与墙面之间应小于或等于 2.0 mm;地柜台面距地面高度公差值为 ±10 mm;嵌式灶具安装应与吸油烟机对准,中心线偏移允许公差为 ±20 mm;门与框架、门与门相邻表面、抽屉与框架、抽屉与门、抽屉与抽屉相邻表面的位差度小于或等于 2.0 mm;台面拼接时的错位公差应小于或等于 0.5 mm;相邻吊柜、地柜和高柜之间应使用柜体连接件紧固,柜与柜之间的层错位、面错位公差应小于或等于 2.0 mm。

(2)部品安装牢固度应符合如下规定:吊柜与墙面的安装应结合牢固,连接螺栓不应小于 M8,每 900 mm 长度不宜小于两个连接固定点;拼接式结构橱柜的安装部件之间的连接应牢靠不松动,紧固螺栓要全部拧紧;吸油烟机安装应水平,牢靠固定在后墙面(或连接板上),不得松动或抖动;台面与柜体要结合牢固,不得松动;吊柜安装完毕,门中缝处应能承受 150 N 的水平冲击力,底部还能承受 150 N 的垂直冲击力,而柜体无任何松动和损坏。

(3)部品安装密封性能应符合下列规定:排水结构(落水滤器、溢水嘴、排水管、管路连接件等)各接头连接、水槽及排水接口的连接应严密,不得有渗漏,软管连接部位应用卡箍紧固;燃气器具的进气接头与燃气管道接口之间(或钢瓶)的软管连接应严密,连接部位应用卡箍紧固,不得有漏气现象;给水管道、水嘴及接头不应渗水;后挡水与墙面连接处应打密封胶(不锈钢橱柜整体台面水槽除外);吸油烟机排气管与接口处应采取密封措施。

4.3.4.2　质量验收

1.一般规定

(1)质量验收应在施工单位自检合格的基础上,报监理(建设)单位按规定程序进行质量检验。

（2）厨房施工质量应符合设计的要求和相关专业验收标准的规定。

（3）厨房的质量验收应在施工期间和施工完成后及时进行。

（4）厨房的质量验收还应符合现行国家标准《家用厨房设备 第3部分：试验方法与检验规则》（GB/T 18884.3—2015）的有关规定。

（5）集成式厨房工程的质量验收应符合现行国家标准《建筑工程施工质量验收统一标准》（GB 50300—2013）和其他专业验收标准的规定。

（6）集成式厨房验收应以竣工验收时可观察到的工程观感质量和影响使用功能的质量作为主要验收项目，检查数量不应少于检验批数量。

（7）未经竣工验收合格的集成式整体厨房工程不得投入使用。

2. 主控项目

（1）装配式整体厨房交付前必须进行合格检验，包括以下项目：外观、尺寸公差；形状和位置公差；材料的合格证；排水机构的试漏试验；木工要求；电气要求；水槽：除水槽材料的力学性能和化学成分的所有项目。

检查数量：全数检查。检验方法：观察检查尺量，检查材料质量文件。

（2）厨房安全性能应符合以下规定：厨房电源插座应选用质量合格的防溅水型单相三线或单相双线的组合插座；所有抽屉和拉篮，应抽拉自如，无阻滞，并有限位保护装置，防止直接拉出；所有柜外露的锐角必须磨钝；金属件在人可触摸的位置要砂光处理，不允许有毛刺和锐角。

检查数量：全数检查。检验方法：观察检查。

（3）密封性能检查项目：排水结构（落水滤器、溢水嘴、排水管、管接等）各接头连接、水槽及排水结构的连接必须严密，不得有渗漏，软管连接部应用卡箍箍筋；燃气器具的进气接头与燃气管道（或钢瓶）之间的软管应连接紧密，连接部应用卡箍紧固，不得有漏气现象；给水管道与水嘴接头不应渗漏水；后挡水与墙面连接处应打密封胶（不锈钢橱柜除外）；嵌式灶具与台面连接处应加密封材料；水槽与台面连接处应使用密封胶密封（不锈钢橱柜整体台面水槽除外）；吸油烟机排气管与接口处应采取密封措施。

检查数量：全数检查。检验方法：观察检查。

3. 一般项目

（1）橱柜外观要求：产品外表应保持原有状态，不得有碰伤、划伤、开裂和压痕等缺陷；橱柜安装位置符合图纸要求，不得随意变换位置；橱柜摆放协调一致，外面及吊柜应保持水平；对门板和抽屉进行全面调节，使门板和抽屉面的上下、前后、左右分缝均匀一致。

检查数量：全数检查。检验方法：观察检查。

（2）清洁检查要求：检查客户厨房内及橱柜柜体内、抽屉和台面上有无遗留物品、有无污渍；如客户需对安装产品进行防护，应满足要求。

4.3.4.3　成品保护

1. 安装过程中成品保护

（1）当天安装的橱柜，当天从仓库运到房间，当天安装完成，当天完工场清。

（2）搬运、安装过程中，注意不能损坏涂料、木门、木地板等其他成品。

（3）打胶时，严禁在柜体上抹胶。

2. 安装后成品保护

(1) 安装完成后, 柜门表面 PE 保护膜仍然保留, 直到集中交付前清除。

(2) 柜体安装完成后, 若涂料修补较多, 橱柜施工方须主动对柜体进行覆盖保护。

(3) 保洁时, 橱柜施工方须及时巡查, 避免清洁不当造成成品损坏。

思考题

1. 什么是集成式卫生间? 其与传统卫生间相比有何优点?

2. 机电安装的预制装配式施工技术相比于传统施工方式具有哪些优势?

3. 什么是集成式厨房? 集成式厨房部品进场检验主要检查哪些项目?

第5章 装配式混凝土结构施工配套工装系统的应用

装配式钢筋混凝土结构作为一种新型的建造形式,是建筑工业化发展、建筑行业产业升级的必然。与传统的建造形式相比,在施工工艺、工装应用方面存在着较大的差别。针对装配式钢筋混凝土结构的施工,我们进行了大量的探索、尝试,对装配式钢筋混凝土结构工装系统的应用进行了总结,整理出一套装配式混凝土结构的标准化工装系统。

在本章中,我们以施工工艺流程为主线,对工装的用途、使用方法以及工装在安全质量控制方面的注意事项等方面对标准化工装系统进行一一介绍,并对装配式混凝土结构施工中特有的且具有重要性的工装进行有针对性的详细介绍。

5.1 预制构件运输工装系统的应用

本节主要介绍预制构件运输过程中需使用的吊具、运输支架、固定装置等,根据运输构件不同的结构形状,各类型构件分别使用相应的墙板运输支架、飘窗运输支架、阳台板运输支架、楼梯板运输支架及其工装系统。

5.1.1 预制构件运输流程

预制构件运输流程见图 5-1。

图 5-1 预制构件运输流程

5.1.2 预制构件运输标准化工装系统

预制构件运输标准化工装系统包括吊架、吊链、帆布带、吊扣、吊钩、各类运输支架、垫木、绑扎材料、软垫片、花篮螺丝、收紧器等。

5.1.2.1 起吊常用工装

起吊常用工装见表 5-1。

5.1.2.2 装车常用工装

装车常用工装见表 5-2。

表 5-1　起吊常用工装

序号	工装图片	工装名称	主要用途	控制要求
1		吊架	起吊用具,使起吊构件保持平衡	最大额定起重量不小于 5 t
2		吊链	起吊用具	最大额定起重量不小于 5 t
3		帆布带	起吊构件	最大额定起重量不小于 5 t
4		吊扣	起吊用具,锁死构件上的起吊点	最大额定起重量不小于 5 t
5		吊钩	起吊用具,锁死构件上的起吊点	最大额定起重量不小于 5 t

表 5-2　装车常用工装

序号	工装图片	工装名称	主要用途	控制要求
1		运输支架	运输内外墙板	允许误差 5 mm
2		运输支架	运输飘窗,窗沿下方做支撑,防止倾覆	允许误差 5 mm
3		运输支架	运输阳台板,防止倾覆	允许误差 5 mm
4		楼梯运输支架	运输楼梯时做水平支撑	允许误差 2 mm
5		垫木	运输叠合板	10 cm × 10 cm 普通木方,木方长度 50 ~ 120 cm

5.1.2.3 紧固固定常用工装

紧固固定常用工装见表5-3。

表5-3 紧固固定常用工装

序号	工装图片	工装名称	主要用途	控制要求
1		绑扎材料	钢丝绳绑扎收紧时保护产品边角不被勒破	塑料材质,厚度不得低于3 mm
2		软垫片	为产品接触硬质支撑物之间提供柔性保护	软质塑料或橡胶片,最小厚度8 mm
3		花篮螺丝	逐步收紧钢丝绳	M12 或 M16
4		收紧器	将钢丝绳紧固在货车上	

5.1.2.4 运输常用工装

运输常用工装见表5-4。

表5-4 运输常用工装

序号	工装图片	工装名称	主要用途	控制要求
1		运输车辆	运输预制构件	具有足够的承载能力与尺寸

5.1.2.5　卸货常用工装

卸货常用工装见表 5-5。

表 5-5　卸货常用工装

序号	工装图片	工装名称	主要用途	控制要求
1		吊车	卸载预制构件	最大额定起重量不小于 5 t
2		吊链	起吊用具	最大额定起重量不小于 5 t
3		帆布带	起吊构件	最大额定起重量不小于 5 t
4		吊扣	起吊用具,锁死构件上的起吊点	最大额定起重量不小于 5 t
5		吊钩	起吊用具,锁死构件上的起吊点	最大额定起重量不小于 5 t

5.1.3　预制构件的运输工装系统应用流程

预制构件的运输工装系统应用流程如图 5-2 所示。

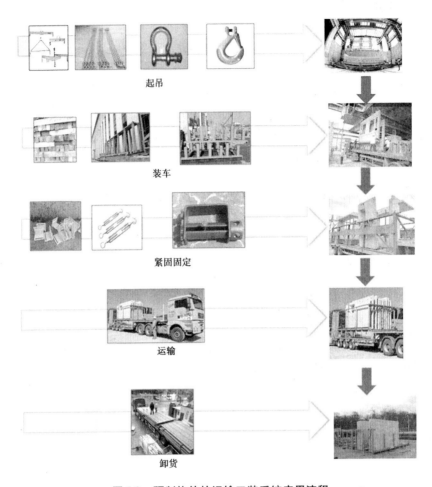

图 5-2　预制构件的运输工装系统应用流程

5.1.4　预制构件运输重点工装使用介绍

在预制构件运输标准化工装系统中,应重点控制运输支架类型的选择使用,并应正确使用工装系统。

外墙板宜采用竖直立放方式运输,应使用专用支架运输,支架应与车身连接牢固,墙板饰面层应朝外,构件与支架应连接牢固,如图 5-3 所示。

飘窗、阳台板运输宜采用平运方式,装车时支点搁置要正确,位置和数量应按设计要求进行,如图 5-4 所示。

叠合楼板、楼梯、短柱、预制梁等类型构件宜采用平运方式,装车时支点使用垫木,垫木的位置和数量应搁置正确,如图 5-5 所示。

5.1.5　预制构件运输重点工装控制要点

预制构件运输过程中应重点控制装车及固定,应根据构件的特点采用不同的叠放和装架方式,使用相对应的专门设计的运输支架进行,具体质量控制要点如下:

图 5-3　墙板运输支架示意图

图 5-4　飘窗、阳台板运输支架示意图

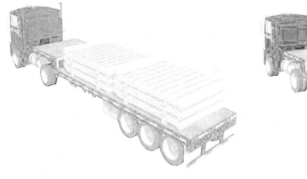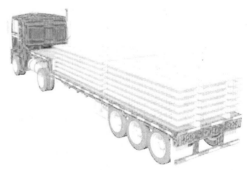

图 5-5　叠合楼板、楼梯运输示意图

（1）当构件采用龙门吊装车时，起吊前应检查吊钩是否挂好，构件中螺丝是否拆除等以免影响构件的起吊安全。

（2）构件从成品堆放区吊出前，应根据设计要求或强度验算结果，在运输车辆上支设好运输架；外墙板以立运为宜，饰面层应朝外；梁、板、楼梯、阳台以平运为宜。

（3）运输构件的搁置点：一般等截面构件在长度 1/5 处，板的搁置点在距端部 200～300 mm 处；其他构件视受力情况确定，搁置点宜靠近节点处。

（4）采用平运叠放方式运输时，叠放在车上的构件之间，应采用垫木，并在同一条垂直线上，且厚度相等。

（5）构件与车身、构件与构件之间应设有板条、草袋等隔离体，构件边角位置或角铁与构件之间接触部位应用橡胶材料或其他柔性材料衬垫等缓冲。

（6）采用拖车装运方法运输，若通过桥涵或隧道，则装载高度，对二级以上公路不应超过 5 m，对三、四级公路不应超过 4.5 m。构件的行车速度应不大于表 5-6 规定的数值。

表 5-6　行车速度参考　　　　　　　　　　　　　　（单位：km/h）

构件分类	运输车辆	人车稀少、道路平坦、视线清晰	道路较平坦	道路高低不平、坑坑洼洼
一般构件	汽车	50	35	15
长重构件	汽车	40	30	15
	平板（拖）车	35	25	10

（7）构件装卸过程中应严格执行"十不吊"规定：指挥信号不明或乱指挥不吊；超载不吊；斜拉构件不吊；构件上站人不吊；工作场地光线昏暗、无法看清场地及指挥信号不吊；绑扎不牢不吊；安全装置缺损或失效不吊；无防护措施不吊；恶劣天气不吊；重量不明构件不吊。

5.2　预制构件现场存储工装系统的应用

预制构件的现场存储应根据其不同形状及受力要求进行堆放，以保证构件质量的完好。本节主要介绍预制构件现场存储的工装系统及其应用。

5.2.1　预制构件现场存储流程

预制构件现场存储流程见图 5-6。

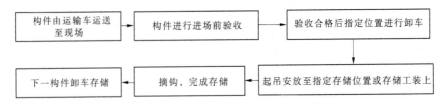

图 5-6　预制构件现场存储流程

预制构件由运输车运送至现场时，首先对构件进行进场验收，质量验收合格的构件进行卸车起吊。利用构件起吊工装对运输车上的构件进行试起吊，检查确认后，再将构件卸车起吊，按编号安放至指定存储位置的存储工装系统上。

5.2.2　预制构件现场常用存储工装

预制构件现场常用存储工装见表5-7。

表 5-7　预制构件现场常用存储工装

序号	工装名称	工装图片	主要用途	控制要求
1	卷尺		用于验收核对构件尺寸信息	允许偏差 5 mm
2	靠尺		用于验收测量预制构件平整度	选择 2 m 靠尺，允许偏差 5 mm
3	插放架		预制墙板可使用插放架或靠放架在现场储存堆放，但是由于靠放架在使用过程中的局限性，在施工现场常使用插放架，以确保墙板放置稳定、不倾覆，受力满足墙体自身构造特点并保证构件边角、外伸钢筋完好	插放架要有足够的强度、刚度、承载力，插放架应设置防磕碰、防下沉的保护措施
4	叠放枕木		预制楼梯、叠合板等现场储存的必要措施	枕木放置位置应根据构件重心及等弯矩原则确定。叠层堆放时上下层构件及枕木均要对齐
5	特殊构件现场存储架		特殊构件存储则依据构件的形状、受力特点，采用现场深化设计的存储架进行堆放存储	依据构件的形状、受力情况以及重量等进行设计，保证构件的稳固存储且不会损坏

5.2.3　预制构件现场存储示意图

预制构件现场存储可根据构件特点采用不同的搭设方式与材料灵活构造而成,一般情况下,预制构件现场存储常采用插放法和叠放法两种形式进行堆放(见图5-7)。

（1）插放法。多用于预制墙板的堆放。其特点是:堆放不受型号限制,可以按吊装顺序堆放墙板,便于查找板号,但占用场地较多,且需设置插放架。

（2）叠放法(平放法)。适用于预制叠合板、柱、梁、楼梯、阳台板、空调板等。一般采用同型号堆放。

(a) 预制墙板插放法存储　　　(b) 预制楼梯叠放法存储　　　(c) 预制叠合板叠放法存储

图 5-7　预制构件的现场存储示意图

5.2.4　预制构件现场存储工装系统使用要求

（1）存储堆放场地应平整、坚实,并应有排水设施。

（2）预制构件的堆放应考虑便于吊升及吊升后的就位,特别是大型构件,如装配式建筑中的预制墙、预制板、预制柱、预制楼梯等,应按施工组织设计中平面布置规定的区域,按型号、吊装顺序依次堆放在吊装机械工作半径范围内,以便一次吊升就位,减少起重设备负荷开行。

（3）小型构件运输到现场后,按平面布置图安排的部位,依编号、吊装顺序进行就位和集中存储。小型构件就位位置,一般在其安装位置附近,有时也可从运输车上直接起吊。采用叠放的构件,如叠合板、预制楼梯等,可以多块叠放,以减少堆场用地。

（4）预埋吊件应朝上,标识宜朝向堆垛间的通道。

（5）构件支垫应坚实,垫块在构件下的位置宜与脱模、吊装时的起吊位置一致。

5.2.5　现场存储工装应用质量控制要点

（1）当采用靠放架存储时,靠放架应具有足够的承载力和刚度,与地面的倾斜角度宜大于80°;墙板宜对称靠放且外饰面朝外,构件上部宜采用木垫块隔离;连接止水条、高低口、墙体转角等薄弱部位,应采用定型保护垫或专用式附套件作加强保护。

（2）当采用插放架直立堆放时,插放架应有足够的承载力和刚度,并应支垫稳固。

（3）当采用叠放法时，构件不得直接放置于地面上。每层构件间的垫块应上下对齐，堆垛层数应根据构件、垫块的承载力确定，并应根据需要采取防止堆垛倾覆的措施。一般来说，预制叠合板叠放层数不宜大于 6 层，预制柱、梁叠放层数不宜大于 2 层。当叠放层数超过上述层数时，应对支垫、地基承载力进行验算。

（4）预制异形构件存储堆放应根据施工现场实际情况按施工方案执行。

5.3　预制构件吊装工装系统的应用

预制构件吊装应根据其形状、尺寸及重量等要求选择适宜的吊具；吊具应按现行国家相关标准的有关规定进行设计验算或试验检验，经检验合格后方可使用。本节主要介绍预制构件吊装工装系统及其应用。

5.3.1　预制构件吊装流程

预制构件吊装流程见图 5-8。

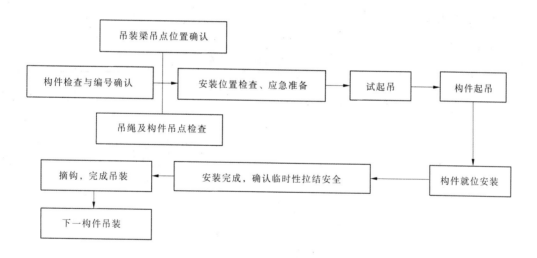

图 5-8　预制构件吊装流程

预制构件的吊装，首先应按照施工方案吊装顺序提前编号，吊装时严格按编号顺序起吊。在吊梁（起重架）吊点位置、吊绳吊索及吊点连接安装检查完毕后，对构件进行试起吊，确认试吊正常后，开始进行构件起吊、就位安装。预制构件吊装就位并校准定位后，应及时设置临时支撑或采取临时固定措施。在安装完成并确认临时拉结安全之后，方可摘钩，进行下一个构件的吊装。预制构吊装流程示意图见图 5-9。

1.构件检查与编码确认

2.检查吊点

3.构件试吊

4.构件吊装就位

5.安装临时固定支撑

6.构件摘钩

图 5-9　预制构件吊装流程示意图

5.3.2　预制构件吊装工器具及设备

5.3.2.1　起吊设备

预制构件起吊设备见表5-8。

表 5-8　预制构件起吊设备

序号	工序名称	工装名称	工装图片	主要用途	控制要求
1	起吊	塔吊		塔吊是装配式建造最不可或缺的起吊设备,主要用于构件的起重、吊装、转向	按照不同的吊装工况和构件类型选用,并依据使用规范进行吊装作业
2	起吊	汽车吊		主要用于构件的起重、吊装、转向	

5.3.2.2　起吊工装系统

预制构件起吊所用工装见表5-9。

表 5-9　预制构件起吊所用工装

序号	工序名称	工装名称	工装图片	主要用途	控制要求
1	起吊	扁担吊梁		适用于预制外墙板、预制内墙板、预制楼梯、预制 PCF 板、预制阳台板、预制阳台挂板、预制女儿墙板等构件的起吊	1. 由 H 型钢焊接而成,吊梁长度 3.5 m,自重 120～230 kg,额定荷载 2.5～10 t,额定荷载下挠度 11.3～14.6 mm,吊梁竖直距离 H 为 2 m; 2. 下方设置专用吊钩,用于悬挂吊索
2	起吊	框式吊梁		适用于不同型号的叠合板、预制楼梯起吊,可以避免因局部受力不均造成叠合板开裂	1. 由 H 型钢焊接而成,长 2.6 m,宽 0.9 m,自重 360～550 kg,额定荷载 2.5～10 t,额定荷载下挠度 10.9～14.9 mm,吊梁竖直距离 H 为 2 m; 2. 下方设计专用吊耳及滑轮组(4 个定滑轮、6 个动滑轮),预制叠合板通过滑轮组实现构件起吊后水平自平衡
3	起吊	八股头式吊索		采用 6×37 钢丝绳制成的预制构件吊装绳索	其长度应根据吊物的几何尺寸、重量和所用的吊装工具、吊装方法予以确定,吊索的安全系数不应小于 6
4	起吊	环状式吊索			吊索与所吊构件间的水平夹角应为 45°～60°,吊索的安全系数不应小于 6

续表 5-9

序号	工序名称	工装名称	工装图片	主要用途	控制要求
5	起吊	吊链		主要由环链与钢丝绳构成,是起重机械中吊取重物的装置	1. 依据工况及《起重吊带和吊链管理办法》使用; 2. 保证无扭结、破损、开裂,不能在吊带打结、扭、绞状态下使用; 3. 使用正确长度和吨位的吊带或吊链,不能超载和持久载荷
6	起吊	卸扣		索具的一种,用于索具与末端配之间,起连接作用。在吊装起重作业中,直接连接起重滑车、吊环或者固定绳索,是起重作业中用得最广泛的连接工具	1. 卸扣应光滑平整,不允许有裂纹、锐边、过烧等缺陷; 2. 使用时,应检查扣体和插销,不得严重磨损、变形和疲劳裂纹,螺纹连接良好; 3. 卸扣的使用不得超过规定的安全负荷
7	起吊	吊钩		是起重机械中最常见的一种吊具。吊钩常借助于滑轮组等部件悬挂在起升机构的钢丝绳上	吊钩应有制造厂的合格证书,表面应光滑,不得有裂纹、划痕、刨裂、锐角等现象存在,否则严禁使用。吊钩应每年检查一次,不合格者应停止使用
8	起吊	球头吊具系统		高强度特种钢制造,适用于各种预制构件,特别是大型的竖向构件吊装,例如预制剪力墙、预制柱、预制梁及其他大跨度构件	起重量范围 1.3 ~ 45 t

续表 5-9

序号	工序名称	工装名称	工装图片	主要用途	控制要求
9	起吊	TPA 扁钢吊索具系统		多种吊钉形式可选,适用于厚度较薄的预制构件的吊装,例如薄内墙板、薄楼板	起重量范围 2.5 ~ 26 t
10	起吊	内螺纹套筒吊索系统		多种直径的滚丝螺纹套筒,经济型的吊装系统,适用于吊装重量较轻的预制构件	承重不可超出额定荷载,具体控制要求依据其使用规程
11	起吊	万向吊头/鸭嘴扣		预制构件吊具连接件的一种,用于吊具与构件之间的连接。根据机械连接的设计原理,在吊链或吊绳拉紧时,允许荷载范围内鸭嘴扣可以与预埋件紧紧扣卡,而当吊绳松弛,扣件可以从构件上轻松拆卸	1. 需要与构件上配套预埋件进行连接,在允许荷载范围内使用; 2. 在吊链或吊绳拉紧传力前,必须先与预埋件正确连接
12	起吊	手拉葫芦		一种使用简易、携带方便的手动起重机械	起重量一般不超过 100 t

5.3.3 起吊工装系统应用示意图

几种常见预制构件的起吊工装系统的运用如图 5-10 所示。

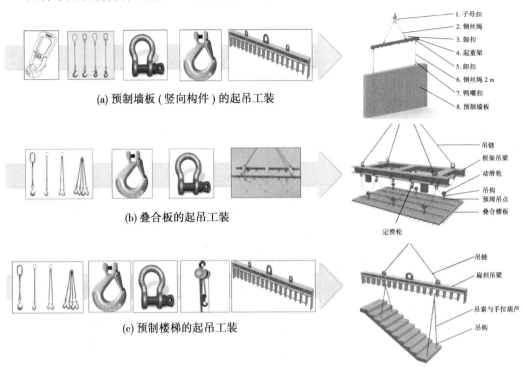

(a) 预制墙板 (竖向构件) 的起吊工装

1. 子母扣
2. 钢丝绳
3. 卸扣
4. 起重架
5. 卸扣
6. 钢丝绳 2 m
7. 鸭嘴扣
8. 预制墙板

(b) 叠合板的起吊工装

吊链
框架吊梁
动滑轮
吊钩
预埋吊点
叠合楼板
定滑轮

(c) 预制楼梯的起吊工装

吊链
扁担吊梁
吊索与手拉葫芦
吊钩

图 5-10　起吊预制构件工装系统应用示意图

5.3.3.1　预制墙体起吊

专用吊梁由 H 型钢焊接而成,根据各预制构件起吊时不同尺寸、不同的起吊点位置,设置模数化吊点,确保预制构件在吊装时吊装钢丝绳保持竖直。专用吊梁下方设置专用吊钩,用于悬挂吊索,进行不同类型预制墙体的吊装(具体吊梁及吊钩设计以及验算需根据具体项目构件情况而定)。

5.3.3.2　预制叠合板起吊

预制叠合板厚度一般为 60 mm 左右,叠合板起吊时,为了避免因局部受力不均造成叠合板开裂,故叠合板吊装采用专用吊架(叠合构件用自平衡吊架),吊架由工字钢焊接而成,并设置有专用吊耳和滑轮组(4 个定滑轮、6 个动滑轮),专用于预制叠合板类构件的起吊,通过滑轮组实现构件起吊后的水平自平衡(具体吊架设计及验算需根据具体项目构件情况而定)。

5.3.3.3　预制楼梯起吊

预制楼梯起吊时,由于楼梯自身抗弯刚度能够满足吊运要求,故预制楼梯采用常规方式吊运(吊索＋吊钩)。为了保证预制楼梯准确安装就位,需控制楼梯两端吊索长度,要求楼梯两端部同时降落至休息平台上。

5.3.4　起吊工装系统的使用要求

（1）预制构件起吊宜采用标准吊具，吊具可采用预埋吊环或内置式连接钢套筒的形式。

（2）根据预制构件形状、尺寸及重量要求选择适宜的吊具，在吊装过程中，吊索水平夹角不宜小于60°，不应小于45°；尺寸较大或形状复杂的预制构件应选择设置分配梁或分配桁架的吊具，并应保证吊车主钩位置、吊具及构件重心在竖直方向重合。

（3）构件起吊平稳后再匀速转动吊臂，调整构件姿态，由吊装人员接住缆风绳后，将构件调整到安装位置的上方，待构件稳定后，缓缓降到安装的位置。

5.3.5　起吊工装应用质量控制要点

（1）须将起吊点设置于预制构件重心部位，避免构件吊装过程中由于自身受力状态不平衡而导致构件旋转问题。

（2）当预制构件生产状态与安装状态构件姿态一致时，尽可能将施工起吊点与构件生产脱模起吊点相统一。

（3）当预制构件生产状态与安装姿态不一致时，尽可能将脱模用起吊点设置于安装后不影响观感的部位，并加工成容易移除的方式，避免对构件观感造成影响。

（4）施工起吊点不可避免地位于可能影响构件观感部位时，可采用预埋下沉螺母方式解决，待吊装完成后，经简单处理即可将吊装用螺母孔洞封堵。

（5）考虑安装起吊时可能存在的预制构件由于吊装受力状态与安装受力状态不一致而导致不合理受力开裂损坏问题，设置吊装临时加固措施，避免由于吊装而造成构件损坏。

（6）根据 PC 从生产、运输、安装、使用各个阶段的具体情况，选取可能造成 PC 受力破坏的几个节点进行受力分析计算，确保 PC 具有足够的强度与刚度。选取的节点如下：PC 脱模时、PC 翻身过程、PC 起吊时、PC 浇筑过程、PC 暗螺母承载力。

5.4　预制构件安装工装系统的应用

装配式混凝土结构主要包括装配式混凝土剪力墙结构体系和装配式混凝土框架结构体系，其预制构件包含预制水平构件（预制叠合楼板、预制叠合梁、预制阳台、预制楼梯）和预制竖向构件（预制剪力墙、预制框架柱、预制外挂板），各类型预制构件在安装过程中均采用标准化工装系统。

5.4.1　装配式混凝土结构预制水平构件标准化工装应用

5.4.1.1　预制水平构件安装流程

装配式混凝土结构预制水平构件包括预制叠合楼板、预制叠合梁、预制阳台板、预制楼梯等。

1. 预制叠合楼板、预制叠合梁、预制阳台板安装流程

预制叠合楼板、预制叠合梁、预制阳台板安装流程见图 5-11。

2. 预制楼梯安装流程

预制楼梯安装流程见图 5-12。

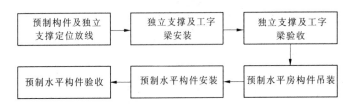

图 5-11　预制水平构件(叠合楼板、叠合梁、阳台板)安装流程

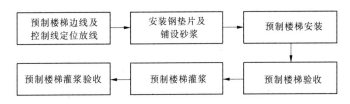

图 5-12　预制楼梯安装流程

5.4.1.2　预制水平构件标准化工装系统

1. 预制叠合楼板、预制叠合梁、预制阳台板标准化工装系统

预制水平构件安装过程标准化工装系统包括水准仪、全站仪、激光水平仪、塔尺、卷尺、钢卷尺、水平尺、钢直尺、塞尺、激光测距仪、墨斗、独立支撑、顶托、支撑头、工字梁(木制、铝合金)、撬棍、垫木等,具体水平构件(预制叠合楼板、预制叠合梁、预制阳台板)标准化工装见表 5-10。

表 5-10　预制叠合楼板、叠合梁、阳台板标准化工装

序号	工序名称	工装图片	工装名称	主要用途	控制要求
1	预制水平构件及独立支撑定位放线		全站仪	用于放出 X、Y 方向主控制线	允许偏差 8 mm
2			激光水平仪	用于放出预制构件及独立支撑控制边线	允许偏差 5 mm
3			卷尺	用于放出预制水平构件及独立支撑控制边线	允许偏差 5 mm

续表 5-10

序号	工序名称	工装图片	工装名称	主要用途	控制要求
4	预制水平构件及独立支撑定位放线		钢卷尺	用于放出预制水平构件及独立支撑控制边线	允许偏差 5 mm
5			墨斗	用于弹出预制水平构件及独立支撑控制边线	控制边线应清晰可见
6	独立支撑及工字梁安装		独立可调支撑	用于支撑预制水平构件,通过调节独立支撑高度,实现构件标高控制	控制支撑垂直度,Q235 材质,独立支撑标高允许偏差 ± 5 mm
7			顶托	与独立支撑配套使用,用于支撑工字梁,回顶预制叠合楼板、阳台板等水平构件	独立支撑与顶托连接牢固,Q235 钢材,顶托尺寸与工字梁配套
8			可调顶托	与独立支撑配套使用,用于支撑工字梁,通过调节顶托螺扣,实现构件标高控制	独立支撑与可调顶托连接牢固,Q235 钢材,顶托尺寸与工字梁配套
9			支撑头	与独立支撑配套使用,直接与预制梁接触,用于支撑及限位预制梁及预制叠合梁	支撑头与独立支撑连接牢固,Q235 钢材
10			木工字梁	与独立支撑及顶托配套使用,用于支撑预制叠合楼板、阳台板等水平构件	梁高 200 mm、翼缘宽 80 mm、翼缘厚 40 mm、腹板厚 30 mm、弹性模量 11 kPa

续表 5-10

序号	工序名称	工装图片	工装名称	主要用途	控制要求
11	独立支撑及工字梁安装		铝合金工字梁	与独立支撑及顶托配套使用,用于支撑预制叠合楼板、阳台板等水平构件	采用 6061 - T6 铝合金/6063 - T6 铝合金,截面尺寸为 100 mm × 185 mm
12	独立支撑及工字梁验收		水准仪	用于测量独立支撑及工字梁顶面标高	独立支撑及工字梁标高允许偏差 ± 5 mm
13			塔尺	与水准仪配套使用,用于测量独立支撑及工字梁顶面标高	独立支撑及工字梁标高允许偏差 ± 5 mm
14	预制水平构件安装		撬棍	用于调节预制水平构件水平位移	调节预制构件水平位移时,禁止破坏构件饰面
15			垫木	垫木与撬棍配套使用,用于支顶撬棍	垫木尺寸应根据现场实际情况而定
16	预制水平构件验收		靠尺	用于测量预制构件平整度	选择 2 m 靠尺,允许偏差 5 mm
17			塞尺	与靠尺配合使用,用于测量预制构件平整度	允许偏差 5 mm

续表 5-10

序号	工序名称	工装图片	工装名称	主要用途	控制要求
18	预制水平构件验收		直角钢尺	用于测量预制构件安装转角尺寸	允许偏差 ±5 mm
19			激光测距仪	用于测量预制构件净空尺寸	允许偏差 10 mm

2. 预制楼梯标准化工装系统

预制混凝土板式楼梯支座处为销键连接,上端支座为固定铰支座,下端支撑处为滑动支座,其预制楼梯安装标准化工装系统包括经纬仪、水准仪、塔尺、墨斗、卷尺、撬棍、钢垫片、找平砂浆、高强螺栓、聚苯板、CGM 灌浆料、手动注浆枪,其中水准仪、塔尺、墨斗、卷尺、撬棍、垫木等标准化工装见表 5-10,其余标准化工装见表 5-11。

表 5-11　预制楼梯标准化工装系统

序号	工序名称	工装图片	工装名称	主要用途	控制要求
1	预制楼梯边线及控制线定位放线	—	全站仪、激光水准仪、卷尺、墨斗	主要用途见表 5-10	控制要求见表 5-10
2	安装钢垫片及铺设砂浆		钢垫片	用于控制预制楼梯标高	垫片宜采用 2 mm、3 mm、5 mm、10 mm 钢板,垫片需做防锈处理
3			找平砂浆	用于封堵预制楼梯底部与结构之间的空隙	找平砂浆应填充密实,强度等级≥M15
4			高强螺栓	用于临时固定预制楼梯	螺栓采用 M14,C 级螺栓

续表 5-11

序号	工序名称	工装图片	工装名称	主要用途	控制要求
5	预制楼梯安装	—	撬棍、垫木	主要用途见表 5-10	控制要求见表 5-10
6	预制楼梯验收	—	靠尺、塞尺、直角钢尺、激光测距仪	主要用途见表 5-10	控制要求见表 5-10
7	预制楼梯灌浆		手动注浆枪	用于给预制楼梯注灌浆料	手动注浆枪注浆完成后应及时清理
8			CGM 灌浆料	用于填充预制楼梯上端支座键槽	CGM 灌浆料应达到 C40 强度，且满足《钢筋套筒灌浆连接应用技术规程》(JGJ 355—2015)要求
9			聚苯板	用于填充预制楼梯与结构之间的缝隙	聚苯板应填充密实
10	预制楼梯灌浆验收		摄像机	用于预制楼梯灌浆全称监控	监控灌浆全过程

5.4.1.3　预制水平构件标准化工装应用流程

1. 预制叠合楼板、预制叠合梁、预制阳台板标准化工装应用流程

预制叠合楼板、预制叠合梁、预制阳台板标准化工装应用流程图见图 5-13。

2. 预制楼梯标准化工装应用流程

预制楼梯标准化工装应用流程见图 5-14。

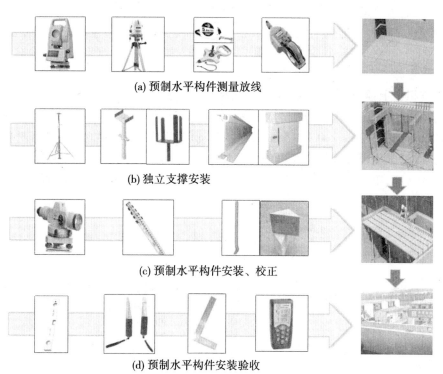

(a) 预制水平构件测量放线

(b) 独立支撑安装

(c) 预制水平构件安装、校正

(d) 预制水平构件安装验收

图 5-13　预制叠合楼板、预制叠合梁、预制阳台板标准化工装应用流程

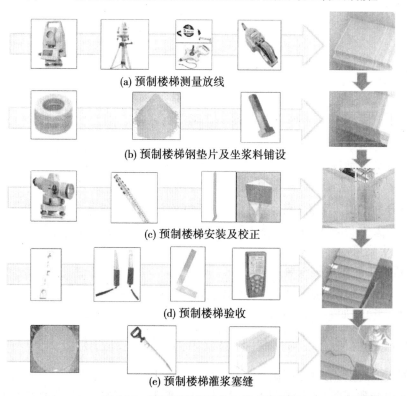

(a) 预制楼梯测量放线

(b) 预制楼梯钢垫片及坐浆料铺设

(c) 预制楼梯安装及校正

(d) 预制楼梯验收

(e) 预制楼梯灌浆塞缝

图 5-14　预制楼梯标准化工装应用流程

5.4.1.4　预制水平构件重点工装使用介绍

在预制水平构件标准化工装系统中,根据装配工艺的需要,应重点控制独立支撑、工字梁(木质、铝合金)的选择,并应正确使用工装系统。

1. 独立支撑

独立支撑由上顶板、内管、调节螺母、可调螺纹段、外管、三脚架、下顶板组成,与顶托配合使用,其独立支撑调节范围分别为 0.5～0.8 m、0.7～1.2 m、1.0～1.8 m、1.6～2.9 m、1.7～3.0 m、1.8～3.2 m、2.0～3.5 m、2.5～4.5 m(见图 5-15)。独立支撑立杆材质为 Q235 钢,独立支撑壁厚应根据装配施工过程荷载要求进行选择(一般采用外管直径为 60 mm,内管直径为 48 mm,单根立杆重约 14.5 kg,承载力不小于 2 t),独立支撑应满足周转 300 次左右。

图 5-15　独立支撑示意图

独立支撑安装就位后,通过调节内、外管之间的相对位置实现标高控制,并通过调节螺母对独立支撑标高进行微调。

2. 工字梁

工字梁分为木质工字梁、铝合金工字梁,工字梁与独立支撑配合使用(见图 5-16),根据装配施工荷载要求及周转情况选择相应的工字梁材料及尺寸(一般木质工字梁可周转 50次,铝合金工字梁可周转 300 次)。

5.4.1.5　重点工装质量控制要点

预制水平构件(预制叠合楼板、预制叠合梁、预制阳台板)标高主要通过独立支撑进行控制,具体控制范围如表 5-12 所示。

5.4.2　装配式混凝土结构预制竖向构件标准化工装应用

在装配式混凝土建筑中,预制竖向构件主要分为预制承重构件和预制非承重构件,其预制承重构件包括预制剪力墙、预制框架柱,预制非承重构件包括预制外挂板(外挂墙板、飘窗)、预制轻质隔墙板。

图 5-16　工字梁安装示意图

表 5-12　独立支撑安装允许偏差

项目		允许偏差	检验方法
构件中心线对轴线位置	预制水平构件(叠合梁、叠合楼板、阳台板)	5 mm	质量检查
构件标高	叠合梁、叠合楼板、阳台板底面或顶面	±5 mm	水准仪或尺量检查

5.4.2.1　预制竖向构件安装流程

1. 预制承重构件安装流程

预制承重构件安装流程见图 5-17。

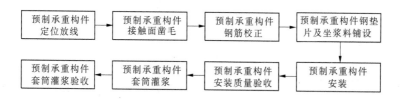

图 5-17　预制承重构件(剪力墙、框架柱)安装流程

2. 预制非承重构件安装流程

预制非承重构件安装流程见图 5-18。

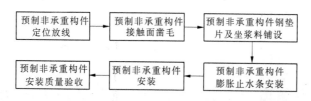

图 5-18　预制非承重构件(外挂墙板、飘窗)安装流程

5.4.2.2 预制竖向构件标准化工装系统

1.预制承重构件标准化工装系统

预制承重构件(剪力墙、框架柱)标准化工装系统包括全站仪、经纬仪、水准仪、塔尺、墨斗、卷尺、钢筋扳手、电钻、钢筋定位框、钢垫片、套筒及螺栓、坐浆料、砂浆铲、观察镜、预制构件定位仪、千斤顶、斜支撑、七字码、电动灌浆泵、手动注枪、三联试模、圆锥截模、钢化玻璃板、灌浆料、搅拌机、搅拌桶、电子秤、量杯、温度计、钢直尺、橡胶塞、套筒灌浆平行试验箱、膨胀螺栓、螺栓、螺栓扳手等,其中钢筋定位框、预制构件定位仪、七字码、套筒灌浆平行试验箱为创新工装,具体标准化工装见表 5-13。

表 5-13　预制剪力墙、预制框架柱标准化工装

序号	工序名称	工装图片	工装名称	主要用途	控制要求
1	预制承重构件定位放线	—	全站仪、激光水准仪、卷尺、墨斗	主要用途见表 5-10	控制要求见表 5-10
2	预制承重构件接触面凿毛		电钻	用于混凝土面层凿毛	凿毛深度 5～10 mm,凿毛间距 30 mm 左右,凿毛率不低于 90%
3			凿毛机	用于混凝土面层凿毛	凿毛深度 5～10 mm,凿毛间距 30 mm 左右,凿毛率不低于 90%
4	预制承重构件钢筋校正		钢筋扳手	钢筋扳手由套管及钢筋组成,用于调整钢筋垂直度	套管型号大于钢筋直径一个等级
5			钢筋扳手	钢筋扳手由钢筋焊接而成,用于调整钢筋垂直度	钢筋扳手根据现场钢筋直径而定
6			钢筋定位框	与钢筋扳手配合使用,用于校核钢筋位置及钢筋垂直度	钢筋定位框应确保刚度,钢筋定位孔宜采用 $\geq d + 5$ mm

续表 5-13

序号	工序名称	工装图片	工装名称	主要用途	控制要求
7			钢垫片	用于控制预制墙板竖向标高	垫片宜采用 2 mm、3 mm、5 mm、10 mm 钢板,垫片需做防锈处理
8	预制承重构件钢垫片及坐浆料铺设		套筒及螺栓	套筒及螺栓配套使用,用于调整预制承重构件竖向标高	套筒及螺栓应配套,其承载力应满足墙板自重要求
9			坐浆料	用于封堵预制墙板、框架柱底部与结构之间的空隙	坐浆料强度等级应大构件强度一个等级
10			砂浆铲	用于铺设坐浆料	根据现场实际情况而定
11			千斤顶	用于调整预制墙板、预制框架柱竖向标高	千斤顶承载力应大于墙板自重
12	预制承重构件安装		斜支撑	用于固定预制竖向构件及调整构件垂直度	构件垂直度小于 6 m 时,允许偏差 5 mm;大于 6 m 时,允许偏差 10 mm
13			七字码	用于调整预制构件水平位移	允许偏差 8 mm

续表 5-13

序号	工序名称	工装图片	工装名称	主要用途	控制要求
14			膨胀螺栓	用于固定斜支撑与结构楼板	膨胀螺栓型号根据现场情况选择
15	预制承重构件安装		观察镜	用于观察套筒与钢筋位置	观察镜根据现场情况选择
16			人字梯	用于拆除预制构件顶部吊钩	人字梯根据现场情况选择
17	预制承重构件安装验收	—	靠尺、塞尺、直角钢尺、激光测距仪	主要用途见表 5-10	控制要求见表 5-10
18	预制承重构件灌浆		自动灌浆泵	用于加压,将灌浆料注入灌浆套筒内	灌浆泵额定压力为 1.2 MPa
19	预制承重构件灌浆		灌浆料	与灌浆套筒配套使用,用于灌注灌浆套筒内	灌浆料应满足规范《钢筋连接用套筒灌浆料》(JG/T 408—2013)相关要求
20			电子秤	用于称量灌浆料及用水量	电子秤应精确至 g,定期校核

序号	工序名称	工装图片	工装名称	主要用途	控制要求
21	预制承重构件灌浆		搅拌桶	用于搅拌灌浆料	宜采用不锈钢桶,搅拌桶应满足搅拌要求
22			搅拌机	用于搅拌灌浆料	根据现场实际情况选择
23			温度计	用于测量灌浆料搅拌温度	灌浆料搅拌环境不应大于 35 ℃,不应小于 5 ℃
24			量杯	用于称量灌浆料用水量	根据现场实际情况选用
25			三联试模	用于做抗压强度试块	三联试模尺寸为 40 mm × 40 mm × 160 mm
26			圆锥截模	用于检测灌浆料初始流动度	灌浆料初始流动性 ≥300,30 min 流动性 ≥260

续表 5-13

序号	工序名称	工装图片	工装名称	主要用途	控制要求
27	预制承重构件灌浆		钢化玻璃板	与圆锥截模配套使用,垫于圆锥截模底部	钢化玻璃尺寸为 500 mm × 500 mm × 6 mm
28			钢直尺	用于测量灌浆料流动性	灌浆料初始流动性≥300,30 min 流动性≥260
29			橡胶塞	用于封堵注浆孔及出浆孔	橡胶塞尺寸应与灌浆套筒配套
30			电子表	用于记录灌浆料搅拌时间	应控制灌浆料搅拌时间为 4 ~ 5 min
30	预制构件套筒灌浆验收		摄像机	用于预制楼梯灌浆全称监控	监控灌浆全过程
31			套筒灌浆平行试验箱	用于检测套筒灌浆密实度	预制构件套筒灌浆时,随机抽取灌浆料,进行套筒灌浆试验

2. 预制非承重构件标准化工装系统

预制非承重构件(外挂墙板、飘窗)安装标准化工装系统包括全站仪、经纬仪、水准仪、塔尺、墨斗、卷尺、电钻、钢垫片、套筒及螺栓、坐浆料、砂浆铲、千斤顶、斜支撑、七字码、遇水膨胀止水条等,其中全站仪、经纬仪、水准仪、塔尺、墨斗、卷尺、电钻、钢垫片、套筒及螺栓、坐浆料、砂浆铲、千斤顶、斜支撑、七字码等标准化工装系统见表 5-10 及表 5-13,其余见表 5-14。

表 5-14 预制外挂墙板、预制飘窗标准化工装系统

序号	工序名称	工装图片	工装名称	主要用途	控制要求
1	预制非承重构件定位放线	—	全站仪、激光水准仪、卷尺、墨斗	主要用途见表 5-10	控制要求见表 5-10
2	预制非承重构件凿毛	—	电钻、凿毛机	主要用途见表 5-13	控制要求见表 5-13
3	预制非承重构件钢垫片及坐浆料铺设	—	钢垫片、套筒及螺栓、坐浆料、砂浆铲	主要用途见表 5-13	控制要求见表 5-13
4	预制非承重构件止水条安装		遇水膨胀止水条	用于预制非承重外墙板及飘窗防水	止水条尺寸为 20 mm × 30 mm
5	预制非承重构件安装	—	千斤顶、斜支撑、七字码、膨胀螺栓	主要用途见表 5-13	控制要求见表 5-13
6	预制非承重构件验收	—	靠尺、塞尺、直角钢尺、激光测距仪	主要用途见表 5-10	控制要求见表 5-10

5.4.2.3 预制竖向构件工装系统应用流程

1. 预制承重构件标准化工装应用流程

预制承重构件标准化工装应用流程见图 5-19。

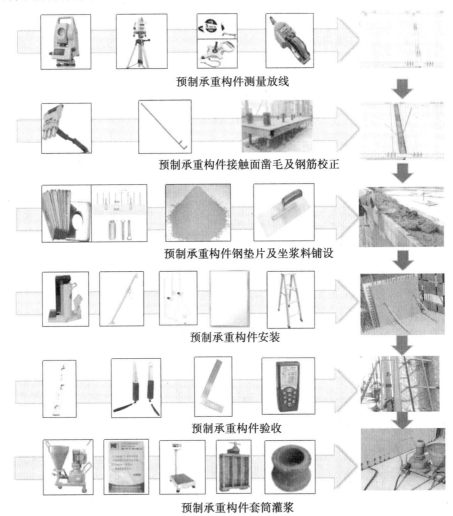

预制承重构件测量放线

预制承重构件接触面凿毛及钢筋校正

预制承重构件钢垫片及坐浆料铺设

预制承重构件安装

预制承重构件验收

预制承重构件套筒灌浆

图 5-19　预制承重构件标准化工装应用流程

2. 预制非承重构件标准化工装应用流程

预制非承重构件标准化工装应用流程见图 5-20。

5.4.2.4 预制竖向构件重点工装使用介绍

在预制竖向构件标准化工装系统中,根据装配工艺的需要,应重点控制钢筋定位框、坐浆料、斜支撑、七字码、灌浆机、灌浆料的选择,并应正确使用工装系统。

1. 钢筋定位框

钢筋定位框主要用于校正预制构件预留钢筋,钢筋定位框由钢板、方通焊接及套管焊接而成,钢筋定位框制作时应根据装配现场实际情况而定,应尽量轻便化,套管直径应选择 $D + 10$ mm(D 为钢筋直径),如图 5-21 所示。

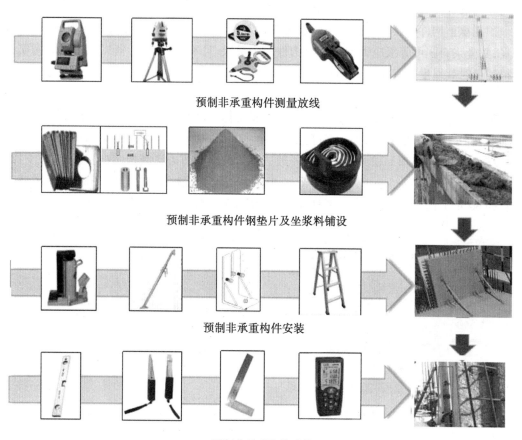

预制非承重构件测量放线

预制非承重构件钢垫片及坐浆料铺设

预制非承重构件安装

预制非承重构件验收

图 5-20　预制非承重构件标准化工装应用流程

图 5-21　钢筋定位框示意图

2. 坐浆料

预制承重构件与楼板之间采用坐浆料进行封堵,坐浆料应选择市面上较为成熟的商品砂浆,其坐浆料强度等级应大预制承重构件一个等级,且不小于 C30,坐浆料需封堵密实,坐浆料铺设时其厚度不宜大于 20 mm。

3. 斜支撑

临时固定斜支撑分为两种,即伸缩式调节支撑(见图 5-22)、双丝式可调节支撑(见图 5-23),其中伸缩式调节支撑调节范围分别为 0.5 ~ 0.8 m、0.7 ~ 1.2 m、1.6 ~ 2.9 m、1.7 ~ 3.0 m、1.8 ~ 3.2 m、2.0 ~ 3.5 m,一般适用于装配式剪力墙结构,双丝式可调节支撑调节范围分别为 0.9 ~ 1.5 m、2.1 ~ 2.7 m,一般适用于装配式框架结构,斜杆材质为 Q235,外管直径 60 mm,内管直径 48 mm,斜杆支撑时角度 45° ~ 55°,可周转 300 次左右。

图 5-22　伸缩式调节支撑示意图　　　　图 5-23　双丝式可调节支撑示意图

4. 七字码

七字码主要用于调节预制承重构件水平位移,七字码由钢板及螺母焊接而成,装配现场使用时与螺栓配套使用,通过调节螺栓与七字码相对位置实现预制承重构件水平位移,如图 5-24 所示。

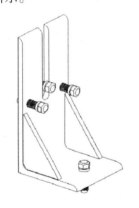
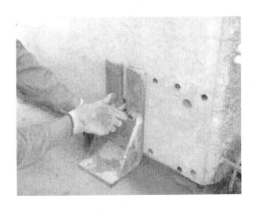

图 5-24　七字码安装示意图

5. 灌浆机

灌浆机主要用于将灌浆料加压注入预制承重构件灌浆套筒内,灌浆机由加压泵、密闭注浆桶、注浆管、注浆枪组成,灌浆机应选择灌浆料专用灌浆机。灌浆机压力的选择,需根据装配现场施工工艺而定,对于分仓法注浆时,其灌浆机压力值需达到 1.2 MPa 左右;坐浆法注浆时,其注浆机压力值需达到 0.8 MPa,注浆管应根据注浆压力值而定。灌浆机操作示意图如图 5-25 所示。

6. 灌浆料

套筒灌浆料(见图 5-26)将钢筋与预制承重构件套筒通过浆锚搭接连接,形成整体传力,灌浆料应选择与灌浆套筒接头试验相匹配的灌浆料,套筒灌浆施工时,其外部环境温度不应大于 30 ℃,且不应小于 5 ℃,如超过此环境,应采取相应的降温或保温措施。

图 5-25　灌浆机操作示意图

图 5-26　预制承重构件套筒灌浆料示意图

5.4.2.5　预制竖向构件重点工装质量控制要点

1. 斜支撑、七字码质量控制要点

预制承重构件及预制非承重构件安装时,通过斜支撑调节预制构件垂直度,通过七字码控制预制构件水平位移,具体质量控制要点见表 5-15。

表 5-15　装配式结构安装允许偏差

项目		允许偏差	检验方法
构件垂直度	预制剪力墙、预制框架柱		
	<5 m	5 mm	水平尺、经纬仪、全站仪测量
	≥5 m 且 <10 m	10 mm	
	≥10 m	20 mm	
构件中心线位置偏差	预制剪力墙、预制框架柱	10 mm	尺量检查

2. 套筒灌浆质量控制要点

套筒灌浆质量控制要点见表 5-16。

表 5-16　套筒灌浆质量控制要点

检测项目		性能指标
流动性(mm)	初始	≥300
	30 min	≥260
抗压强度(MPa)	1 d	≥35
	3 d	≥60
	28 d	≥85
竖向膨胀率(%)	3 h	≥0.02
	24 h 与 3 h 差值	0.02~0.5
氯离子含量(%)		≤0.03
泌水率(%)		0

5.5　装配式混凝土结构外围护工装系统的应用

装配式混凝土结构外围护工装系统包括爬架系统、三角挂架系统,其中爬架系统一般适用于高层装配式混凝土结构,三角挂架系统一般适用于多层装配式混凝土结构。

5.5.1　标准化爬架工装系统

标准化爬架工装系统由外围护系统、支撑系统、防坠系统、动力系统、中控系统组成,其各系统安装流程如图 5-27 所示。

图 5-27　标准化爬架工装系统安装流程

5.5.1.1　外围护系统

标准化爬架工装外围护系统包括外围护架、走道板,具体外围护系统介绍见表 5-17。

表 5-17 爬架外围护系统

序号	工序名称	工装图片	工装名称	主要用途	控制要求
1	外围护系统		外围护架	外围护架由外防护网、水平桁架及扶手架组成,主要外围护形成封闭空间,使工人操作更加安全	外防护网宜采用钢板穿孔,钢板厚度不小于 0.7 mm,穿孔率不低于 20%
2			走道板	走道板由钢花网及型钢焊接而成,主要用于工人在外围护架体上行走	钢花网及型钢需选用 Q235 钢材

5.5.1.2 支撑系统

爬架支撑系统由三角支撑座及导轨组成,具体支撑系统介绍见表 5-18。

表 5-18 爬架支撑系统

序号	工序名称	工装图片	工装名称	主要用途	控制要求
1	支撑系统		三角支撑座	三角支撑座通过高强螺栓与剪力墙连接,主要用于支撑外爬架	高强螺杆应根据受力计算选择螺栓直径
2			导轨	导轨与支座应配套使用,主要用于爬架爬升使用	导轨应采用 Q235 钢

5.5.1.3　防坠系统

爬架防坠系统由防坠器、承载螺栓、垫片及保险弹簧组成,具体防坠系统详细介绍见表 5-19。

表 5-19　爬架防坠系统

序号	工序名称	工装图片	工装名称	主要用途	控制要求
1	防坠系统		防坠系统(防坠器、承载螺栓、垫片、保险弹簧)	防坠支撑与三角制作、导轨配套使用,主要用于防止爬架突然坠落	承载螺杆应满足架体荷载要求

5.5.1.4　动力系统

爬架动力系统由电动葫芦组成,具体动力系统详细介绍见表 5-20。

表 5-20　爬架动力系统

序号	工序名称	工装图片	工装名称	主要用途	控制要求
1	动力系统		电动葫芦	主要用于提升架体的动力	电动葫芦的型号应根据现场具体情况选择

5.5.1.5　中控系统

爬架中控系统由主电控箱、分电控箱、主电源线组成,具体中控系统见表 5-21。

表 5-21　爬架中控系统

序号	工序名称	工装图片	工装名称	主要用途	控制要求
1	中控系统		中控系统	主要用于控制爬架爬升	中控系统应确保爬架同步爬升

5.5.2　爬架系统应用流程

爬架系统应用流程见图 5-28。

5.5.3　爬架系统使用介绍

建筑工业化的爬架系统由外围护系统、支撑系统、防坠系统、动力系统、中控系统组成,架体高宜采用 11 m,覆盖结构 3.5 层(分别为预制构件安装层、铝模拆除层、外墙饰面层),脚手板为 4 道,最底部脚手板为定型钢板式脚手板,面覆 1.5 mm 厚花纹钢板,其上三步均间距 3 m,均为定型钢板网脚手板,第二至四步每步脚手板下设斜撑一道,外围护采用不小

图 5-28　爬架系统应用流程

于 0.7 mm 的钢板穿孔,穿孔率达 20% 以上,见图 5-29。

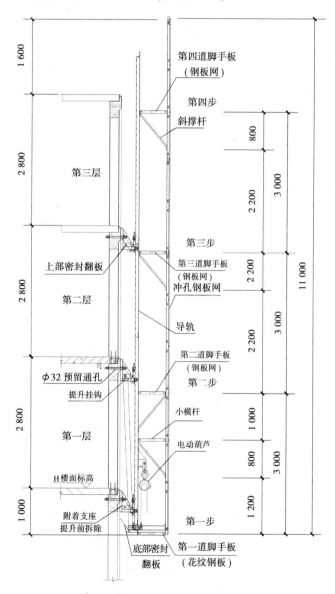

图 5-29　爬架立面示意图

爬架导轨上附着 3 个支座,升降过程中每机位处不少于 2 个支座,每个支座上均设有防坠器。支座上设有与导轨相配合的导向滚轮,导向滚轮与导轨的间隙为 5 mm,以此起到架体防倾作用。

思考题

1. 预制构件的运输流程是什么?

2. 构件装卸过程中应严格执行的"十不吊"规定有哪些?

3. 预制构件现场存储流程是什么?

4. 简述插放法和叠放法的适用范围及特点。

5. 预制构件吊装流程是什么?

6. 简述预制楼梯的安装流程。

7. 标准化爬架工装系统的组成和安装流程是什么?

8. 选取可能造成预制构件受力破坏的节点有哪些?

第6章　装配式混凝土结构施工信息化应用技术

6.1　基于 BIM 的施工信息化技术

6.1.1　概述及现状分析

随着建筑工业化的要求,世界发达国家都把建筑部件工厂化预制和装配化施工作为建筑产业现代化的重要标志。尤其是日本在装配式建筑结构体系建造方面的研究工作比较先进,近年来建造了许多装配式结构体系建筑工程。像英国、德国、美国、瑞典等发达国家建筑工业化程度也很高,特别是瑞典建筑工业化程度在国内达到 80% 以上,是世界上建筑工业化程度最高的国家。我国面对人口老龄化和产业结构升级等问题,推行装配式建筑已经迫在眉睫。

信息化是指培育、发展以智能化工具为代表的新的生产力并使之造福于社会的历史过程。建筑工业化正是将传统建筑业的湿作业建造模式转向学习制造业工厂生产模式。制造业信息化将信息技术、自动化技术、现代管理技术与制造技术相结合,可以改善制造企业的经营、管理、产品开发和生产等各个环节。提高生产效率、产品质量和企业的创新能力,降低消耗,带动产品设计方法和设计工具的创新、企业管理模式的创新、制造技术的创新以及企业间协作关系的创新,从而实现产品设计制造和企业管理的信息化、生产过程控制的智能化、制造装备的数控化以及咨询服务的网络化,全面提升建筑企业的竞争力。

BIM 技术贯穿建筑的全寿命周期,对施工管理是一场信息化革命,必将引领智慧建造技术,改变施工的技术模式和管理模式。

6.1.2　存在的问题

6.1.2.1　成熟的 5D 施工模拟软件较少

目前,能够运用于建筑工程 5D 施工模拟的软件较少,尤其缺乏一些操作便捷、工作效率高的软件。现有的软件以建模软件和设计软件居多,发展也较为成熟,而关于 5D 施工模拟的软件却较少。基于 BIM 的施工进度模拟,在这方面国内外尚无成熟的商业软件。

6.1.2.2　软硬件设备投入较大

BIM 技术对软硬件要求较高,参建各方需要投入大量的资金对计算机硬件设备进行更新换代,购买功能齐全、运行稳定的正版软件,以及招聘精通计算机技术的专业人才。但建筑业是微利行业,参建各方难以筹措大量资金对 BIM 信息模型进行建设和维护。

6.1.2.3　BIM 人才整体缺乏

近年来,随着 BIM 概念的升温,越来越多的专家学者开始关注和研究 BIM,在理论研究层面也取得了一定的成果,但是在 BIM 应用的第一线,深入研究工程现场和技术管理的很少。一支成熟的 BIM 技术团队需要有合理的人才结构,既要精通计算机知识,又要有良好的建筑工程专业技术,要不断在实际工程案例中进行实践,而现阶段的 BIM 技术应用环境显然不利于这样的专业技术团队成长。

目前,已有较多的高校开设相关的 BIM、装配式建筑课程,且一开始就与企业紧密结合,课程的实践性、应用性非常高,可逐渐为企业提供高质量的 BIM 方面人才。

6.2 基于 BIM 的装配施工方案模拟

随着建筑业的发展,对项目的组织协调要求越来越高,项目周边环境的复杂往往会带来场地狭小、基坑深度大、周边建筑物距离近、绿色施工和安全文明施工要求高等问题,并且加上有时施工现场作业面大,各个分区施工存在高低差,现场复杂多变,容易造成现场平面布置不断变化,且变化的频率越来越高,给项目现场合理布置带来困难。BIM 技术的出现给平面布置工作提供了一个很好的方式,通过应用工程现场设备设施资源,在创建好工程场地模型与建筑模型后,将工程周边及现场的实际环境以数据信息的方式挂接到模型中,建立三维现场场地平面布置,并通过参照工程进度计划,可以形象、直观地模拟各个阶段的现场情况,灵活地进行现场平面布置,实现现场平面布置合理、高效。

6.2.1 总平面布置模拟

采用 BIM 三维场地布置代替二维总平面布置图,通过 BIM 软件建立项目各施工阶段的三维场地布置 BIM 模型进行项目施工部署,综合考虑塔吊定位、道路运输、构件堆放等因素对构件吊装工期的影响,形象直观,动态反映了各施工阶段最佳的场地布置状态。统筹确定施工区域和场地面积,尽量减少物料的二次倒运,减少专业工种之间的交叉作业。各项施工设施布置都要满足有利生产、方便生活、安全防火和环境保护的要求,坚持阶段性、适用性、灵活性、精确性及可改造性兼顾的原则。根据工程进度计划的实施调整情况,分阶段发布施工总平面管理计划书,设立专门机构或岗位负责总平面图管理。施工总平面模拟如图 6-1 所示。

图 6-1 施工总平面模拟

施工总平面布置原则是根据现有的场地条件和发包人的规划,结合场内外交通线路,按照工程施工的需要,进行施工生产、生活营地的规划、设计、修建与管理;充分考虑工程施工期安全、环保和文明施工方面的要求;施工营地规划做到布置整齐合理、外表美观,营地布置本着有利生产、方便生活、易于管理的原则,并严格执行有关消防、卫生和环境保护等的专门规定;施工机械布置做到能充分发挥施工设施的生产能力,满足施工总进度和施工强度的要求;施工程序安排,尽可能减少彼此作业时的相互干扰;施工营地设置有效的防护和排水系统,满足场地的防护和排水要求;场内施工道路布置保证平整畅通;减少噪声和粉尘对周围宿舍、办公室的影响;周边环境及场内有限空间的美化、绿化。

6.2.1.1　临时建筑布置

项目办公生活区临时建筑包括门卫室、办公楼、宿舍楼、食堂、卫生间、浴室、会议室、活动室、晾晒棚等,根据项目规模、管理和施工人员数量、场地特点以及公司 CI(Corporate Identity,企业形象识别系统)标准要求进行布置。在具体布置中,利用现有的施工场地条件,合理布局,统筹安排,确保各施工时段内的施工均能正常有序进行。同时,尽量少占耕地,对施工区及周围环境进行有效的保护。临建设施布置原则上力求合理、紧凑、厉行节约、经济实用、方便管理,确保施工期间各项工程能合理有序、安全高效地施工。运用 BIM 软件中的日照分析功能,对临时建筑在不同时刻、不同季节的日照情况进行分析。根据分析结果调整办公生活区的朝向与楼栋间距,对比布置出较合理的方案,保证日照时间充足,减少灯具和空调使用时间,达到绿色节能的目的。

6.2.1.2　临时道路布置

在总平面施工图设计的永久道路的基础上,综合考虑基坑外边线位置、场内材料运输需求等来布置临时道路,因地基和基础施工阶段与主体结构施工阶段场区施工特征的不同,故根据两种阶段特征来布置临时施工道路。

通过 BIM 技术的提前模拟规划,保证场内交通顺畅。施工现场内主要车辆有土方车、混凝土车、泵车、挖掘机等材料运输车辆及施工机械。利用 BIM 技术在厂区内模拟各种车辆会车过程,在交叉路口设置分流指示牌和交通警示牌,对进场车辆进行合理分流。同时,根据模拟找出会车频繁区域,在该区域临时道路一侧修建错车台,缓解交通压力并对于车辆行驶频繁的交通路线严格控制车辆占用时间,尤其是混凝土泵车以及钢筋进货车等。

通过 BIM 技术,在控制成本方面减少了临时道路施工量,减少资源投入,充分体现现场绿色施工特点。

6.2.1.3　机械设备布置

建立主体结构模型,根据主体结构外部轮廓,并综合考虑材料运输、施工作业区段划分来进行塔吊与施工电梯的选型及定位。BIM 技术的运用,相比传统的在多张二维平面图上进行塔吊和施工电梯的布置,在三维视角中进行布置更加直观、便捷、合理。

在塔吊布置过程中,根据不同施工阶段模型展现的工况以及各楼栋开工竣工时间的不同,优化塔吊使用,使塔吊在施工现场内实现周转,对塔吊总投入进行优化。同样在施工电梯布置过程中,运用 BIM 技术形象直观地优化施工顺序,可减少塔吊、施工电梯的投入数量,从而节省成本及资源。

6.2.1.4　加工棚与材料堆场布置

施工现场单体建筑多,且建筑较密集,除去临时施工道路占地面积外,可供材料堆放的场地面积很小。根据不同施工阶段的施工来看,合理布置材料堆场存在较大困难。

根据每个工区材料需求,在塔吊覆盖范围内布置钢筋加工棚、钢筋原材半成品堆场、模板堆场、钢管扣件堆场等,减少材料的二次搬运,提高施工场地的利用率。基于 BIM 技术,结合项目实际情况规划好预制构件堆放,制订预制构件场地堆放方案,为现场实际构件堆放提供指导性实施方案,如图 6-2 所示。

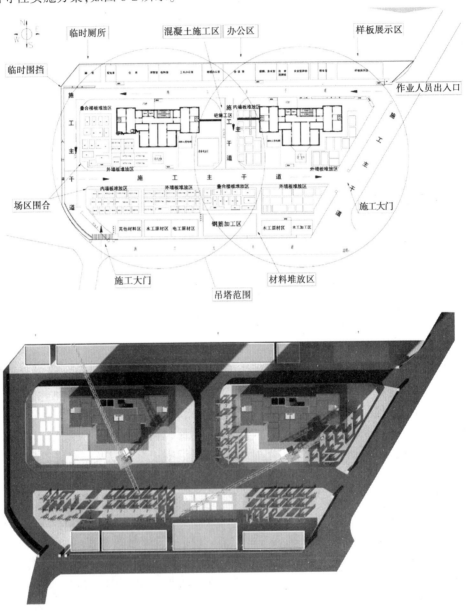

图 6-2 预制构件场地堆放规划

基于 BIM 的装配施工方案模拟按照界面可以划分为三个阶段,分别为现浇与装配式界面、装配式施工界面、装饰装修界面。根据项目实际情况利用 BIM 系统对现场平面、临设建筑、施工机具等进行建模,并模拟主体结构在建设过程各阶段、不同工况下现场平面的变化情况,通过 BIM 系统对各阶段、不同工况下平面布置的三维模拟,可最大程度地优化平面道路、原材料及构件堆场。在施工现场,不同专业在同一区域、同一楼层交叉施工的情况难以避免。对于一些超高层建筑项目,分包单位众多、专业间频繁交叉工作多,不同专业、资源、分包之间的协同和合理工作搭接显得尤为重要。基于 BIM 技术以工作面为关联对象,自动统计任意时间点各专业在同一工作面的所有施工作业,并依据逻辑规则或时间先后,规范项目每天各专业各部门的工作内容,工作出现超期可及时预警。流水段管理可以结合工作面的概念,将整个工程按照施工工艺或工序要求划分为一个可管理的工作面单元,在工作面之间合理安排施工顺序,在这些工作面内部,合理划分进度计划、资源供给、施工流水等,使得基于工作面内外工作协调一致。BIM 技术可提高施工组织协调的有效性,BIM 模型是具有参数化的模型,可以集成工程资源、进度、成本等信息,在进行施工过程的模拟中,实现合理的施工流水划分,并基于模型完成施工的分包管理,为各专业施工方建立良好的工作面协调管理而提供支持和依据。主体结构各阶段施工平面布置三维模拟如图 6-3 所示。

图 6-3　主体结构各阶段施工平面布置三维模拟

专项施工方案是针对具体分项工程编制的指导现场施工的技术管理文件。近年来,随着工程建设规模、复杂程度不断增加,加强专项施工方案的管理,对提高项目管理效率、预防施工安全事故、保障人身和财产安全具有重要意义。建筑信息模型(BIM)技术作为一个集成了信息、技术共享、交互和反馈的数字协作平台,为实现专项施工方案管理提供了良好的解决思路。

一般来说,施工技术方案主要包括确定施工方法、选择施工机具、安排施工组织和顺序。利用 BIM 技术对施工方法模拟分析主要包括以下几个方面:施工方法可行性,主要模拟分析施工方法是否适用于工程项目;施工场地,主要模拟分析工程规划的场地范围内,施工空间是否满足;交通可行性,施工期间对于通航、通车等要求是否满足;施工周期,主要验证施工工期目标是否满足;其余细节模拟分析。BIM 技术可以将施工进度与构件关联起来形成 BIM 4D 模型,对施工过程进行仿真分析,并在此过程中关联工程量、材料费、人工费等成本信息形成 BIM 5D 模型。利用 BIM 技术 4D 模拟分析功能,在未编制施工进度时,可利用简单工序编辑等快速划分施工段,确定单位工程在平面上或施工开始的部位及其进展的方向即施工起点流向,以及各单位工程合理的施工顺序。如利用软件选择树功能与集合功能对构件按照单位工程分类,再利用一些软件功能对构件进行关联与排序,此时不考虑平行、交叉等工序作业,模拟分析出施工段划分是否合理、施工起点流向及施工顺序是否合理可行等。在施工段、施工起点流向、施工程序及施工顺序确定后,考虑施工中的平行、交叉等作业,依据总工程进度计划目标重新编排各单位工程施工时间,确定工程施工关键工序及关键线路,并利用软件进行模拟分析,根据分析结果优化进度计划。根据进度计划时间节点进行工程量统计分析,编制物料供需计划等,并针对施工阶段影响工程质量的五个因素,即人工、材料、机械、方法和环境,建立相对应的质量控制措施与安全文明措施。

在基于 BIM 技术的施工方案优化过程中,根据收集的项目相关资料与项目合同条件等,制订经济合理的项目总体目标计划,包括质量目标、工期目标、安全目标等,并制定相应的施工组织措施、合同措施和经济措施。根据项目特点制定主要施工方法,并利用 BIM 技术对主要施工方法进行模拟分析,分析过程主要是针对施工方法的合理性进行论证,优化后确定主要工程的施工方法。在具体施工方案编制过程中,利用 BIM 技术进行施工场地布置、机械设备布置、施工方案布置以及其他附属工程如模板配置等模拟分析,并不断优化这一过程,最终得出较为经济、合理、安全的施工方案。

如某项目的异形柱施工,考虑到该异形柱截面复杂、体量大、钢筋绑扎支模难度大、结构受力关键、危险性大,因此必须编制专项施工方案来规范指导施工。首先,依据施工图样对异形柱进行结构建模,包括脚手架及顶部柱帽钢筋模型。方案编制技术人员在满足相关标准、规范以及参照图样审核 BIM 模型的基础上,从 BIM 模型中准确提取柱体积、钢筋规格、截面尺寸、钢筋三维节点等信息,依托脚手架平台 BIM 模型,合理地布置钢筋、模板材料堆放、中转场地。接着,整合上述信息进行方案编制,大大提升了方案的编制效率。其间,方案提交监理审核时,监理方要求对柱帽底部脚手架支撑进行安全稳定性验算。于是通过将异形柱帽以及脚手架 BIM 模型导入结构分析软件进行结构分析,验算得出脚手架整体安全稳定性满足要求。接着,利用 BIM 平台,实施方案安全技术交底,作业人员很清楚地了解整个方案的信息,并提前清楚地认识到异形柱施工难点所在。其次,对整个方案的进度计划进行安排。由于异形柱的施工进度直接关系到钢结构的初始吊装时间。考虑工期紧的现实要求,结合时间维度,通过 BIM 对多个进度方案进行模拟论证,制订出南北两侧异形柱分阶段平行施工的进度计划方案,组织实施。最后,异形柱施工过程中,安排专人对现场施工活动进行跟踪检查。将采集到的钢筋绑扎、模板定位难等信息反馈至 BIM 平台,商讨解决办法。当施工至柱帽处时,由于截面变化、高空作业以及钢筋密度大等原因,现场钢筋绑扎就位非常困难,甚至无法施工。在此情况下,项目部组织经验丰富的技术人员在 BIM 平台上多次模拟,确定了钢筋绑扎方案、埋件吊放的先后次序以及焊接通道的预留。在此基础上制作钢筋虚拟施工动画,以视频文件形式传阅至各个施工班组做进一步交流。这样一来,既实现了方案的动态优化,又保证了施工活动的持续进行,确保了异形柱专项施工活动按期完工。异形柱 BIM 模型如图 6-4 所示。

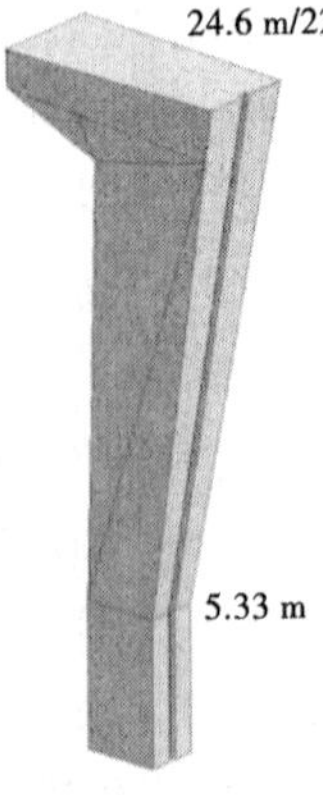

24.6 m/22.82 m

5.33 m

图 6-4　异形柱 BIM 模型

6.2.2 基于 BIM 的专项施工方案模拟

基于综合优化后的 BIM 模型,编制专项施工方案模拟,对工程施工重点部位进行施工工序和工艺模拟及优化。现场中,针对构件安装(吊装、固定、塞缝、灌浆)等专项施工工序,进行了施工方案模拟(见图 6-5),优化各穿插工序,确保现场统一作业面构件安装的顺利进行。

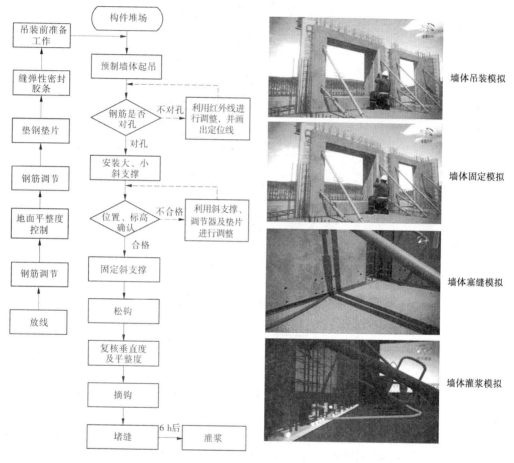

图 6-5 预制外墙专项施工方案模拟

基于 BIM 技术模拟预制构件吊装方案(见图 6-6),对复杂施工节点进行预拼装(见图 6-7),有效解决了安装施工方案模拟中的可视性问题,避免浪费大量人力、物力,出现返工等问题。预制构件吊装前通过 BIM 模型模拟吊装,根据构件尺寸进行吊具选择,确定构件的吊装方式,同时根据施工组织计划综合确定构件吊装方案,并将计划吊装方案与现场实际吊装方案进行对比,调整施工计划。

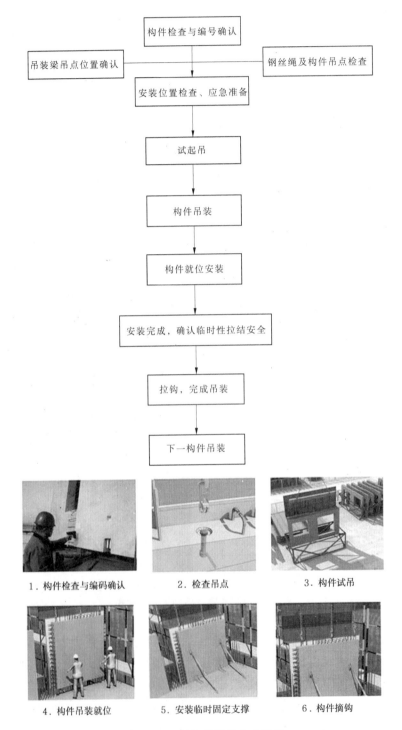

图 6-6 预制构件吊装作业流程

图 6-7　复杂构件及节点预拼装

6.2.3　基于 BIM 的技术交底和施工指导

为了更加直观地将设计成果提供给施工方,通过 BIM 三维模型直观可视性对关键节点的工序排布、施工难点作以优化并进行三维技术交底,使施工人员了解施工步骤和各项施工要求,确保施工质量。图 6-8 为铝合金模板安装技术交底三维模型。

一般劳务队伍对产业化施工要求了解不够,技术水平不足,可通过借用 BIM 技术模拟施工做法,采用三维演示向劳务交底,并形成知识库。与传统纸质交底相比,三维可视化交底具有直观明了、易于理解等优点。使用三维可视化交底,可以让现场施工人员更加深入地理解交底内容,提升施工质量。如预制装配结构对节点连接要求较高,即使预制混凝土板连接发生细小的位移,也很有可能造成其他预制混凝土板无法定位施工。针对预制混凝土板之间的连接件和复杂节点,利用 BIM 技术的可视化优点,放大展示施工节点,用做施工前交底,以保证施工的准确性。虚拟施工使施工变得可视化,这极大地便利了项目参与者之间的交流,特别是不具备工程专业知识的人员,通过施工模拟,可以增加项目参与各方对工程内容及完成工程保证措施的了解。施工过程的可视化,使 BIM 成为一个便于施工参与各方交流的沟通平台。通过这种可视化的模拟缩短了现场工作人员熟悉项目施工内容、方法的时间,减少了现场人员在工程施工初期犯错误的时间和成本,还可加快、加深对工程参与人员培训的速度及深度,真正做到质量、安全、进度、成本管理和控制的人人参与。针对现场安全防护进行 BIM 三维交底,做到规范化、标准化、可视化施工,使得现场作业人员更加明确,管理人员交底变得更加简单。

BIM 的可视化是动态的,施工空间随着工程的进展会不断地变化,它将影响到工人的工作效率和施工安全。通过可视化模拟工作人员的施工状况,可以形象地看到施工工作面、施工机械位置的情形,并评估施工进展中这些工作空间的可用性、安全性。

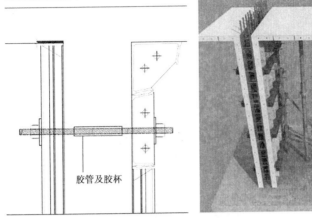

胶管及胶杯

图 6-8　铝合金模板安装技术交底三维模型

6.3　基于 BIM 的进度控制

6.3.1　技术简介

BIM 的进度控制(见图 6-9)主要基于 4D BIM 技术。4D BIM 是基于 BIM 的 4D 虚拟建造技术将设计阶段所完成的 3D 建筑信息模型附加以时间的维度,构成 4D 模拟动画,通过在计算机上建立模型并借助于各种可视化设备对项目进行虚拟描述。其主要目的是按照工程项目的施工计划模拟现实的建造过程,在虚拟的环境下发现施工过程中可能存在的问题和风险,并针对问题对模型和计划进行调整与修改,进而优化施工计划。即使发生了设计变更、施工图更改等情况,也可以快速地对进度计划进行自动同步修改。此外,在项目评标阶段,三维模型和虚拟动画可以使评标专家形象地了解投标单位对工程施工资源的安排及主要的施工方法、总体计划等,从而对投标单位的施工经验和实力做出初步评估。

与传统的进度管理方法相比,基于 BIM 的 4D 虚拟建造技术主要有以下优势:

(1)提前预警。基于 BIM 的 4D 虚拟进度管理,通过反复的施工过程模拟,可以使在施工阶段可能出现的问题提前暴露在模拟的环境中,暴露出来问题后,我们就可以逐一修改,并提前制定应对措施,使进度计划和施工方案最优,再用来指导实际的项目施工,从而保证

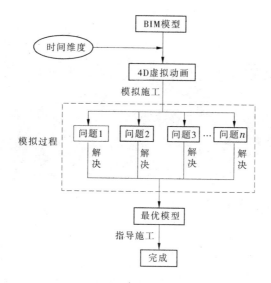

图 6-9　基于 BIM 的进度控制

项目施工的顺利完成,显著提高计划的可实施性。

（2）可视性强。BIM 的设计成果是高仿真的三维模型,设计师可以从自身或业主、承包商、顾客等不同角度进入到建筑物内部,对建筑进行细部检查;可以细化到对某个建筑构件的空间位置、三维尺寸和材质、颜色等特征进行精细化的修改,从而提高设计产品的质量,降低因为设计错误对施工进度造成的影响;还可以将三维模型放置在虚拟的周围环境之中,环视整个建筑所在区域,评估环境可能对项目施工进度产生的影响,从而制定应对措施,优化施工方案。

（3）信息完整。BIM 模型不是一个单一的图形化模型,它包含着从构件材质到尺寸数量,以及项目位置和周围环境等完整的建筑信息。通过将建筑模型附加进度计划的虚拟建造,可以间接地生成与施工进度计划相关联的材料和资金供应计划,并在施工阶段开始之前与业主和供货商进行沟通,从而保证施工过程中资金和材料的充分供应,避免因资金和材料的不到位对施工进度产生影响。另外,信息的完整性也有助于项目决策迅速执行。

互联网是一种商业模式,与传统模式相比,其最大的优点在于信息互联互通,让原本不够透明的市场变得一览无余,使市场在配置资源时能够更加高效快捷。在建筑行业,互联网的意义在于通过提升最终用户（消费者、客户）对产业链全过程的信息对称能力,对产业链价值进行重新分配,使低水平的资源控制获益能力大幅度降低,从而使行业竞争更有序,并有利于形成规模优势,降低行业整体成本,提升行业整体效率。

单一的 BIM 技术只是建筑信息化管理的一种手段,可以起到加强过程质量管理,提升建筑品质的作用,但从行业整体信息化的角度来说,仅仅做到这一点还不够,必须借助互联网技术,逐步推进 BIM 与其他信息平台的集成链接,才能全面实现建筑业真正的大飞跃。"BIM+互联网"（见图 6-10）能在提升建筑品质的同时,使行业更加透明化,行业竞争更有序化,并推进建筑企业从关系竞争力向能力竞争力转变,促进建筑业的产业整合,加快建筑业规模经济优势的形成,逐步形成健康良性的行业秩序。

RFID（Radio Frequency Identification）即无线射频识别技术,是一种无线通信技术,可以

图 6-10   互联网+BIM

通过无线电信号识别特定目标并读写相关数据,而无须识别系统与特定目标之间建立机械或者光学接触。RFID 作为新兴的信息采集工具,信息采集及时准确,作用对象广泛并有信息存储功能,自动化程度高,而 BIM 作为先进的信息化技术,其可视化、交互共享、协同作业等功能已经在国内外建筑领域得到了快速发展和广泛应用。两者集成使信息自动采集并通过 BIM 模型可视化动态展现,具有强大的应用功能和远大的发展前景。

6.3.2   基于 BIM 的施工进度计划的模拟、优化

在进度计划方案编写阶段,利用 synchro 等软件进行多个进度计划的对比,三维模型的各个构件附加时间参数就形成了 4D 模拟动画,计算机可以根据所附加的时间参数模拟实际的施工建造过程。通过虚拟建造,可以检查进度计划的时间参数是否合理,即各工作的持续时间是否合理,工作之间的逻辑关系是否准确等,从而对项目的进度计划进行检查和优化,最终确定最优的施工进度计划方案。4D 模拟施工进度优化如图 6-11 所示。

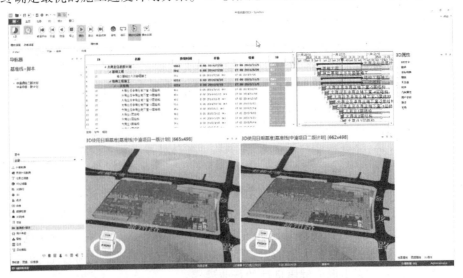

图 6-11   4D 模拟施工进度优化

6.3.3　施工进度信息预警与控制

通过现场的视频监控系统与 BIM 模型进行实时对比,施工管理人员可以实时查看施工现场的形象进度,如图 6-12 所示。并且通过 4D 模拟功能可以直观展示项目各个工作面的进展情况是否符合进度计划,对于影响进度的工作提出预警,以便及时采取措施纠正偏差,如图 6-13 所示。

图 6-12　施工进度实时监控

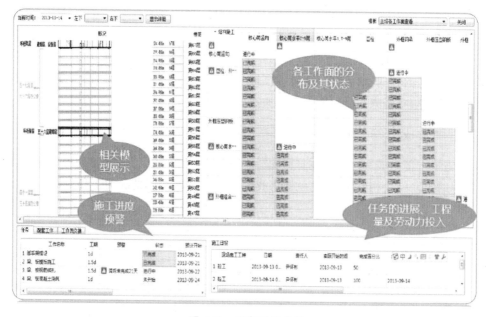

图 6-13　形象进度分析

6.4 基于 BIM 的成本控制

6.4.1 技术简介

BIM 的成本控制主要基于 5D BIM 技术。5D BIM 是在 3D 建筑信息模型基础上，融入"时间进度信息"与"成本造价信息"，形成由 3D 模型+1D 进度+1D 造价的五维建筑信息模型。

5D BIM 集成了工程量信息、工程进度信息、工程造价信息，不仅能统计工程量，还能将建筑构件的 3D 模型与施工进度的各种工作(WBS)相链接，动态地模拟施工变化过程，实施进度控制的实时监控。

BIM 技术在处理实际工程成本核算中有着巨大的优势。建立 BIM 的 5D 施工资源信息模型(3D 实体、时间、成本)关系数据库，让实际成本数据及时进入 5D 关系数据库，使成本汇总、统计或拆分对应的数据瞬间可得。建立实际成本 BIM 模型，周期性(月、季)按时调整维护好 BIM 模型，统计分析工作的相关数据就可以一键即得，软件强大的统计分析能力可以满足工程各种成本分析需求。

基于 BIM 的实际成本核算方法，较传统方法具有极大优势，集中表现在以下四方面：

(1)快速。由于建立基于 BIM 的 5D 实际成本数据库，汇总分析能力大大加强，速度快，短周期成本分析变得精准、快捷，工作量小，效率高。

(2)准确。成本数据动态维护，准确性大大提高，通过总量统计的方法，消除累积误差，成本数据随进度进展准确度越来越高。另外，通过实际成本 BIM 模型，很容易检查出哪些项目还没有实际成本数据，监督各成本实时盘点，提供实际数据。

(3)分析能力强。可以多维度(时间、空间、WBS)汇总分析更多种类、更多统计分析条件的成本报表。

(4)提升企业成本控制能力。将实际成本 BIM 模型通过互联网集中在企业总部服务器。企业总部成本部门、财务部门就可共享每个工程项目的实际成本数据，实现了总部与项目部的信息对称，总部成本管控能力大为加强。

6.4.2 进度及成本的关联

工程施工进度与成本之间存在着相互影响、相互制约的关系。若要加快施工速度，缩短工期，资源的投入就会相应增加，这就要求我们根据工程的不同情况对工程进行工期、成本的最优化。

6.4.3 工程量、成本预算的信息化管理

在工程量计价方面，根据专业、进度计划、流水段、施工模型、构件类型等，可以快速统计施工工程量，为分包定期报量、结算与业主审核提供数据支撑，效率提升一倍以上。另外，对 BIM 工作所带来的非实物的价值资产，如效率提高、避免错误、减少浪费、确保工期等，进行定性或定量的评价。

在我国，工程实施期间进度款支付拖延，工程完工数年后没有进行结算，这样的例子并

不鲜见。如果排除业主的资金因素,造成这些问题的一个重要原因在于工程变更多、结算数据存在争议等。BIM 技术有助于解决这些问题,一方面,BIM 有助于提高设计图纸质量,减少施工阶段的工程变更;另一方面,如果业主和承包商达成协议,基于同一 BIM 进行工程结算(见图 6-14),结算数据的争议会大幅度减少。

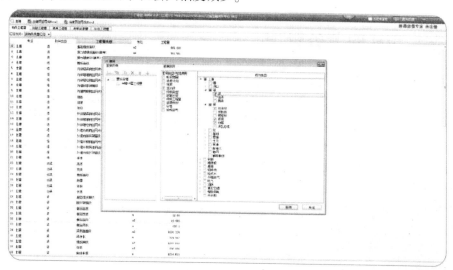

图 6-14　BIM 工程量计价

利用 5D BIM 技术进行合同预算、BIM 成本预算、项目实际成本的对比;并且可以利用不同的软件进行算量对比(见图 6-15),比较直观地查找、分析偏差原因,得出准确的工程量。发现合同预算量缺失问题、现场成本管理成效问题,进而实现成本的精细化管理。

图 6-15　预算、收入、支出三算对比

从业主的视角,施工期间的动态投资优化也是通过 BIM 创造出来的价值,通过仿真优化与分析,加强投资管理与控制,并为资金筹措提供可靠的计划表。

总之,BIM 成本控制解决方案的核心内容是利用 BIM 软件技术、造价软件、项目管理软件、FM 软件,创造出一种适合中国国情的成本管理整体解决方案。该方案也涵盖了设计概算、施工预算、竣工决算、项目管理、运营管理等所有环节的成本管理模块,构成项目总成本控制体系。

6.5 基于 BIM 的劳务管理

采用装配式混凝土结构施工模式,决定了装配式施工队人员的高标准、高起点、高要求。介于项目信息化管理方式,引入了"劳务实名制系统",手机端及 PC(Personal Computer,个人计算机)端,对现场管理人员、各分包及劳务人员等实行劳务实名制。通过该系统的引入,管理人员通过手机可实时查看工地现场劳务人员情况,包括现场人员信息、施工队工作及所属劳务公司,同时可以进入劳务工信息,随时查看工人劳务信息及劳工合同、安全教育、考勤、工资情况等细节信息,如图 6-16 所示。

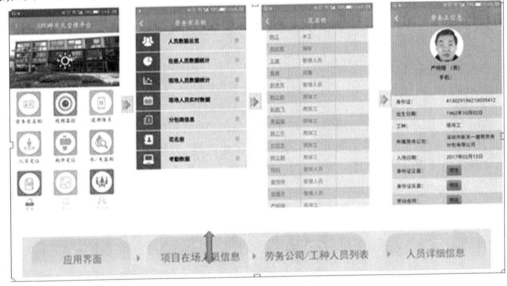

图 6-16　施工现场人员信息查询

通过"劳务实名制应用"系统自动生成在场人员的二维码信息,将二维码芯片安装于安全帽内,并与现场用于接收二维码芯片信息的低频设备实现对接,确定管理人员与工人在工地区域,同时显示现场人员分布,如图 6-17 所示。

BIM 工程项目管理信息化作为一个全生命周期的项目管理,打破信息孤岛,实现了数据共享。通过采用全新的 5D 模型,进行事先模拟分析,可提高项目精细化管理和工程效率。

劳务管理(见图 6-18)是项目管理中的重要组成部分,基于 BIM 技术的劳务管理的基础是建立 5D 建筑信息模型,通过该模型计算、模拟和优化对应于各施工阶段的劳务、材料、设备等用量,从而建立劳动力计划和其他的资源需求,实现精细化的劳务管理。

尤其是对于一些参与人员较多的复杂工程,采用基于 BIM 技术的劳务管理可以做到精细化管理,为整个项目的成本、进度控制奠定基础。

图 6-17　施工现场人员定位

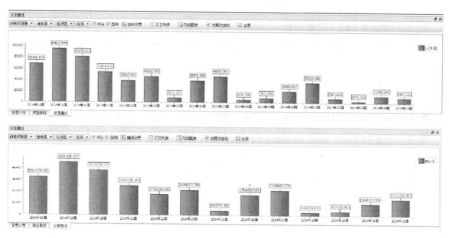

图 6-18　劳务管理

6.6　质量和安全的信息化管理技术

6.6.1　构件全过程质量信息追溯

秉承"项目施工过程精细化管控理念",致力于打造一款"工地信息化集成平台+项目过程精细化管理"强有力的信息化工具,通过该工具将施工建设中数据化、信息化的应用集成并整合至手机端,包括构件全过程追溯信息(设计、生产、库存、进场、安装、验收等)、人员实时跟踪信息(楼层定位、工作面工种等)。该信息追溯系统的成功运用,使各阶段零星的、冗杂的信息得以整合并加以信息的调取、查看、利用以及分析,加快了现场信息化步伐,为实现项目精细化管理奠定了坚实基础。

6.6.1.1　二维码人员信息管理

通过"劳务实名制应用"系统自动生成在场人员的二维码信息,将二维码芯片安装于安全帽内,并与现场用于接收二维码芯片信息的低频设备实现对接,确定管理人员与工人所在工地区域,同时显示现场人员分布。

6.6.1.2 二维码构件信息管理

预制构件设计时,为了标识及读取构件身份信息,便于预制构件全生命周期、全过程管理,采用了 RFID(无线射频技术)及构件预埋二维码,通过预制构件在不同阶段读取二维码信息,实现预制构件的全过程管理,如图 6-19 所示。

图 6-19　二维码追溯体系

装配式建筑预制构件生产过程中,对预制构件进行分类生产、储存需要投入大量的人力和物力,并且容易出现差错。利用 BIM 技术结合 RFID 技术,通过在预制构件生产的过程中嵌入含有安装部位及用途信息等构件信息的 RFID 芯片,存储验收人员及物流配送人员可以直接读取预制构件的相关信息,实现电子信息的自动对照,减少在传统的人工验收和物流模式下出现的验收数量偏差、构件堆放位置偏差、出库记录不准确等问题的发生,可以明显地节约时间和成本。在装配式建筑施工阶段,施工人员利用 RFID 技术直接调出预制构件的相关信息,对此预制构件的安装位置等必要项目进行检验,提高预制构件安装过程中的质量管理水平和安装效率。

装配式建筑吊装工艺复杂、施工机械化程度高、施工安全保证措施要求高,在施工开始之前,施工单位可以利用 BIM 技术进行装配式建筑的施工模拟和仿真,模拟现场预制构件吊装及施工过程,对施工流程进行优化;也可以模拟施工现场安全突发事件,完善施工现场安全管理预案,排除安全隐患,从而避免和减少质量安全事故的发生。利用 BIM 技术还可以对施工现场的场地布置和车辆开行路线进行优化,减少预制构件、材料场地内二次搬运,提高垂直运输机械的吊装效率,加快装配式建筑的施工进度。

6.6.2　施工安全信息化管理技术

传统管理模式下针对大型设备的管理监控一直存在盲区,管控不到位,塔式起重机、施工升降机的监控问题尤为突出。为有效解决现场对大型设备无法监管或监控不到位等常见痛点,在中建科技裕璟幸福家园项目中,采用基于 BIM 的装配式混凝土结构施工信息化管理模式,积极引入大型设备安全监控系统监控平台,通过实时查看运行记录、历史运行机制、设备告警查询及设备饼状图等方式实现了对大型设备安全监管的精细化管理,如图 6-20 和

图 6-21 所示。

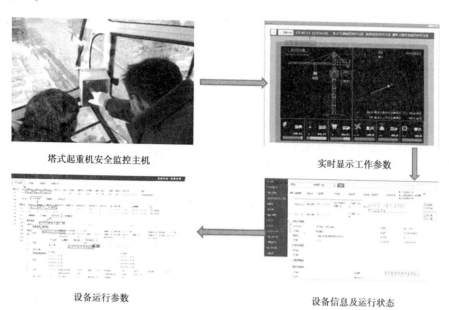

塔式起重机安全监控主机

实时显示工作参数

设备运行参数

设备信息及运行状态

图 6-20　塔式起重机安全监控管理系统

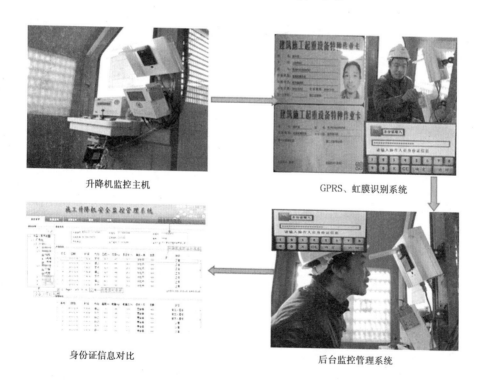

升降机监控主机

GPRS、虹膜识别系统

身份证信息对比

后台监控管理系统

图 6-21　施工升降机安全监控管理系统

思考题

1.BIM5D 中的 5D 指的是什么?

2.BIM 施工总平面布置包括哪些内容?

3.如何用 BIM 进行进度控制? 用 BIM 进行进度控制有哪些优点?

4.基于 BIM 进行成本控制有哪些优点?

5.如何用 BIM 进行安全及质量管理?

第7章 装配式混凝土结构施工质量检验与验收

7.1 概 要

7.1.1 内容提要

装配式混凝土结构近年在国内快速发展,出现了新一轮的发展热潮,在发展过程中,"技术标准落后"被认为是我国装配式建筑发展的瓶颈之一。在近5年完成的新一轮标准规范制定修订中,针对装配式混凝土结构已完成多项工作,基本满足了当前装配式混凝土结构的施工质量验收要求。本章主要讲述装配式混凝土结构工程中的预制构件生产、运输、进场检查、构件吊装、连接、验收等工序以及现浇混凝土等各工序中的质量验收标准。

7.1.2 学习要求

对于装配式混凝土结构工程,掌握预制构件在工厂生产、现场吊装以及现浇混凝土浇筑等各个工序的质量检查与验收标准。

7.2 预制构件生产过程监造

7.2.1 监造环节

施工单位或监理单位应派专人对构件制造过程驻厂监造。构件生产单位与装配施工单位为同一法人企业的,监造人员应由监理单位派驻。驻厂监造人员应履行相关责任,对关键工序进行生产过程监督,并在相关质量证明文件上签字。除有专门设计要求外,有驻厂监造的构件可不做结构性能检验。

驻厂监造人员应根据工程特点编制监造方案(细则),监造方案(细则)中应明确监造的重点内容及相应的检验、验收程序。由于现阶段规范中缺少对驻厂监造的相关表述和说明,故笔者认为,在一般情况下,驻厂监造可按"三控、三管、一协调"的相关要求开展工作,其中重点是质量和安全的管控,并参与进度控制和协调。

现阶段的PC构件驻厂监造,大体上可参照现浇钢筋混凝土结构监理及钢结构驻厂监理的内容和程序,但又稍有不同。PC构件的生产较为复杂,涉及的质量控制内容多且要求较高,目前由于施工单位或监理单位派驻的监造人员少,故驻厂监造可作如下考虑:内容上应涵盖工厂质量控制全过程,检验程序上可按监理相关程序验收,检验方法上可对批量大工艺简单的工序以抽检为主,并在抽样和检验批划分上适当放宽;而对于特殊构件、关键环节应进行全面检查。

7.2.2 质量控制技术要点

7.2.2.1 原材料质量控制

参考施工现场的程序,对见证取样材料而言,如由热轧钢筋制成的成型钢筋,当能提供原材料力学性能第三方检验报告时,可仅进行重量偏差检验。对于已入厂的不合格产品,必须要求厂方单独存放,杜绝投入生产。

7.2.2.2 模具质量控制

对模台清理、脱模剂的喷涂、模具尺寸等做一般性检查;对模具各部件连接、预留孔洞及埋件的定位固定等做重点检查。

7.2.2.3 钢筋及预埋件质量控制

对钢筋的下料、弯折等做一般性检查;对钢筋数量、规格、连接及预埋件、门窗及其他部品部件的尺寸偏差做重点检查,见表7-1和表7-2。

7.2.2.4 混凝土

对混凝土的制备、浇筑、振捣、养护等做一般检查;对混凝土抗压强度检测及试件制作、脱模及起吊强度等进行重点检查。

表 7-1 钢筋成品的允许偏差和检验方法

项目		允许偏差(mm)	检验方法
钢筋网片	长、宽	±5	钢尺检查
	网眼尺寸	±10	钢尺量连续三档,取最大值
	端头不齐	5	钢尺检查
钢筋骨架	长	0,−5	钢尺检查
	宽	±5	钢尺检查
	高(厚)	±5	钢尺检查
	主筋间距	±10	钢尺量两端、中间各一点,取最大值
	主筋排距	±5	钢尺量两端、中间各一点,取最大值
	箍筋间距	±10	钢尺量连续三档,取最大值
	弯起点位置	15	钢尺检查
	端头不齐	5	钢尺检查
	保护层 柱、梁	±5	钢尺检查
	保护层 板、墙	±3	钢尺检查

表 7-2　门窗框安装允许偏差和检验方法

项目		允许偏差（mm）	检验方法
锚固脚片	中心线位置	5	钢尺检查
	外露长度	+5,0	钢尺检查
门窗框位置		±1.5	钢尺检查
门窗框高、宽		±1.5	钢尺检查
门窗框对角线		±1.5	钢尺检查
门窗框的平整度		1.5	靠尺检查

7.3　预制构件制作质量检验与验收

7.3.1　一般规定

（1）预制构件制作单位应具备相应的生产工艺设施，并应有完善的质量管理体系和必要的试验检测手段。

（2）预制构件制作前，应对其技术要求和质量标准进行技术交底，并应制订生产方案；生产方案应包括生产工艺、模具方案、生产计划、技术质量控制措施、成品保护、堆放及运输方案等内容。

（3）预制构件用混凝土的工作性能应根据产品类别和生产工艺要求确定，构件用混凝土原材料及配合比设计应符合国家现行标准《混凝土结构工程施工规范》（GB 50666—2011）、《普通混凝土配合比设计规程》（JGJ 55—2011）和《高强混凝土应用技术规程》（JGJ/T 281—2012）等的规定。

（4）预制结构构件采用钢筋套筒灌浆连接时，应在构件生产前进行钢筋套筒灌浆连接接头的抗拉强度试验，每种规格的连接接头试件数量不应少于 3 个。

（5）预制构件用钢筋的加工、连接与安装应符合国家现行标准《混凝土结构工程施工规范》（GB 50666—2011）和《混凝土结构工程施工质量验收规范》（GB 50204—2015）等的有关规定。

7.3.2　材料、模具质量检验

（1）预制构件制作前，对带饰面砖或饰面板的构件，应绘制排砖图或排板图；对夹心外墙板，应绘制内外叶墙板的拉结件布置图及保温板排板图。

（2）预制构件模具除应满足承载力、刚度和整体稳定性要求外，尚应符合下列规定：
①应满足预制构件质量、生产工艺、模具组装与拆卸、周转次数等要求。
②应满足预制构件预留孔洞、插筋、预埋件的安装定位要求。
③预应力构件的模具应根据设计要求预设反拱。

（3）预制构件模具尺寸的允许偏差和检验方法应符合表 7-3 的规定。当设计有要求时，模具尺寸的允许偏差应按设计要求确定。

表 7-3 预制构件模具尺寸的允许偏差和检验方法

项次	检验项目及内容		图例	允许偏差（mm）	检验方法
1	长度	≤6 m		1, -2	用钢尺测量两端或中部，取其中偏差绝对值较大处
		>6 m 且 ≤12 m		2, -4	
		>12 m		3, -5	
2	截面尺寸	墙板		1, -2	用钢尺测量两端或中部，取其中偏差绝对值较大处
3		其他构件		2, -4	
4	对角线差			3	用钢尺量纵、横两个方向对角线
5	侧向弯曲			$L/1\,500$ 且≤5	拉线，用钢尺量测侧向弯曲最大处
6	翘曲			$L/1\,500$	调平尺在两端测量
7	底模表面平整度			2	用 2 m 靠尺和塞尺量
8	组装缝隙			1	用塞片或塞尺量
9	端模与侧模高低差			1	用钢尺量

注:L 为模具和混凝土接触面中最长边的尺寸。

（4）预埋件加工的允许偏差应符合表7-4的规定。

表 7-4　预埋件加工允许偏差

项次	检验项目及内容		允许偏差（mm）	检验方法
1	预埋件锚板的边长		0，-5	用钢尺量
2	预埋件锚板的平整度		1	用直尺和塞尺量
3	锚筋	长度	10，-5	用钢尺量
		间距偏差	±10	用钢尺量

（5）装配整体式混凝土结构中后浇混凝土中连接钢筋、预埋件安装位置的允许偏差及检验方法应符合表7-5的规定。

表 7-5　连接钢筋、预埋件安装位置的允许偏差及检验方法

项目		允许偏差	检验方法
连接钢筋	中心线位置	5	尺量检查
	长度	±10	
灌浆套筒连接钢筋	中心线位置	2	宜用专用定位模具整体检查
	长度	3，0	尺量检查
安装用预埋件	中心线位置	3	尺量检查
	水平偏差	3，0	尺量和塞尺检查
斜支撑预埋件	中心线位置	±10	尺量检查
普通预埋件	中心线位置	5	尺量检查
	水平偏差	3，0	尺量和塞尺检查

注：检查中心线位置时，应沿纵、横两个方向量测，并取其中的较大值。

（6）应选用不影响构件结构性能和装饰工程施工的隔离剂。

7.3.3　构件制作过程质量检验

（1）在混凝土浇筑前应进行预制构件的隐蔽工程检查，检查项目应包括下列内容：

①钢筋的牌号、规格、数量、位置、间距等。

②纵向受力钢筋的连接方式、接头位置、接头质量、接头面积百分率、搭接长度等。

③箍筋、横向钢筋的牌号、规格、数量、位置、间距，箍筋弯钩的弯折角度及平直段长度。

④预埋件、吊环、插筋的规格、数量、位置等。

⑤灌浆套筒、预留孔洞的规格、数量、位置等。

⑥钢筋的混凝土保护层厚度。

⑦夹心外墙板的保温层位置、厚度，拉结件的规格、数量、位置等。

⑧预埋管线、线盒的规格、数量、位置及固定措施。

（2）带面砖或石材饰面的预制构件宜采用反打一次成型工艺制作，并应符合下列要求：

①当构件饰面层采用面砖时，在模具中铺设面砖前，应根据排砖图的要求进行配砖和加

工;饰面砖应采用背面带有燕尾槽或黏结性能可靠的产品。

②当构件饰面层采用石材时,在模具中铺设石材前,应根据排版图的要求进行配板和加工;应按设计要求在石材背面钻孔、安装不锈钢卡钩、涂覆隔离层。

③应采用具有抗裂性和柔韧性、收缩小且不污染饰面的材料嵌填面砖或石材之间的接缝,并应采取防止面砖或石材在安装钢筋、浇筑混凝土等生产过程中发生位移的措施。

(3)夹心外墙板宜采用平模工艺生产,生产时应先浇筑外叶墙板混凝土层,再安装保温材料和拉结件,最后浇筑内叶墙板混凝土层;当采用立模工艺生产时,应同步浇筑内外叶墙板混凝土层,并应采取保证保温材料及拉结件位置准确的措施。

(4)应根据混凝土的品种、工作性、预制构件的规格形状等因素,制定合理的振捣成型操作规程。混凝土应采用强制式搅拌机搅拌,并宜采用机械振捣。

(5)预制构件采用洒水、覆盖等方式进行常温养护时,应符合现行国家标准《混凝土结构工程施工规范》(GB 50666—2011)的要求。

(6)预制构件采用加热养护时,应制定养护制度,对静停、升温、恒温和降温时间进行控制,宜在常温下静停 2～6 h,升温、降温速度不应超过 20 ℃/h,最高养护温度不宜超过 70 ℃,预制构件出池的表面温度与环境温度的差值不宜超过 25 ℃。

(7)脱模起吊时,预制构件的混凝土立方体抗压强度应满足设计要求,且不应小于 15 MPa。

(8)采用后浇混凝土或砂浆、灌浆料连接的预制构件结合面,制作时应按设计要求进行粗糙面处理。设计无具体要求时,可采用化学处理、拉毛或凿毛等方法制作粗糙面。

(9)预应力混凝土构件生产前应制定预应力施工技术方案和质量控制措施,并应符合现行国家标准《混凝土结构工程施工规范》(GB 50666—2011)和《混凝土结构工程施工质量验收规范》(GB 50204—2015)的要求。

7.4 预制构件出厂进场质量检验与验收

7.4.1 一般规定

(1)预制构件生产单位应提供构件质量证明文件。

(2)预制构件应具有生产企业名称、制作日期、品种、规格、编号等信息的出厂标识。出厂标识应设置在便于现场识别的部位。

(3)预制构件应按品种、规格分区分类存放,并设置标牌。

(4)进入现场的构件应进行质量检查,检查不合格的构件不得使用。

(5)预制构件的进场质量验收应符合现行国家标准《混凝土结构工程施工质量验收规范》(GB 50204—2015)的有关规定。

(6)装配式建筑的饰面质量应符合设计要求,并应符合现行国家标准《建筑装饰装修工程质量验收规范》(GB 50210—2010)的有关规定。

7.4.2 质量验收

(1)施工单位和监理单位应对进场构件进行质量检查,质量检查内容应符合下列规定:

①预制构件质量证明文件和出厂标识。

②预制构件外观质量、尺寸偏差。

（2）预制构件外观质量应根据缺陷类型和缺陷程度进行分类,并应符合表7-6的分类规定。

表7-6　预制构件外观质量缺陷

名称	现象	严重缺陷	一般缺陷
露筋	构件内钢筋未被混凝土包裹而外露	主筋有露筋	其他钢筋有少量露筋
蜂窝	混凝土表面缺少水泥砂浆而形成石子外露	主筋部位和搁置点位置有蜂窝	其他部位有少量蜂窝
孔洞	混凝土中孔穴深度和长度均超过保护层厚度	构件主要受力部位有孔洞	其他部位有孔洞
夹渣	混凝土中夹有杂物且深度超过保护层厚度	构件主要受力部位有夹渣	其他部位有少量夹渣
疏松	混凝土中局部不密实	构件主要受力部位有疏松	其他部位有少量疏松
裂缝	缝隙从混凝土表面延伸至混凝土内部	构件主要受力部位有影响结构性能或使用功能的裂缝	其他部位有少量不影响结构性能或使用功能的裂缝
连接部位缺陷	构件连接处混凝土缺陷及连接钢筋、连接件松动、灌浆套筒未保护	连接部位有影响结构传力性能的缺陷	连接部位有基本不影响结构传力性能的缺陷
外形缺陷	内表面缺棱掉角、棱角不直、翘曲不平、外表面面砖黏结不牢、位置偏差、面砖嵌缝没有达到横平竖直、转角面砖棱角不直、面砖表面翘曲不平	清水混凝土构件有影响使用功能或装饰效果的外形缺陷	其他混凝土构件有不影响使用功能的外形缺陷
外表缺陷	构件内表面麻面、掉皮、起砂、沾污等外表面面砖污染、预埋门窗框破坏	具有重要装饰效果的清水混凝土构件、门窗框有外表缺陷	其他混凝土构件有不影响使用功能的外表缺陷

（3）预制构件外观质量不应有严重缺陷,产生严重缺陷的构件不得使用。产生一般缺陷时,应由预制构件生产单位或施工单位进行修整处理,修整技术处理方案应经监理单位确认后实施,经修整处理后的预制构件应重新检查。

检查数量:全数检查。

检查方法:观察,检查技术处理方案。

（4）预制构件尺寸允许偏差及检查方法应符合表7-7的规定。

检查数量:对同类构件,按同日进场数量的5%且不少于5件抽查,少于5件则全数检查。

检查方法:钢尺、拉线、靠尺、塞尺检查。

表 7-7 预制构件尺寸允许偏差及检查方法

项次	检验项目	图	允许偏差（mm）	检验方法
外墙板	长		±4	尺量检测
	宽		±3	钢尺量一端中部，取其中偏差绝对值较大处
	厚		±3	
	对角线差		5	钢尺量两个对角线
外墙板	翘曲		$L/1\,000$	调平尺在两端测量
	侧向弯曲		$L/1\,000$ 且≤20	拉线、钢尺量最大侧向弯曲处

续表 7-7

项次	检验项目		图	允许偏差 （mm）	检验方法
外墙板	内表面平整			5	2 m 靠尺和塞尺检查
	外表面平整			3	
梁、柱	长	<12 m		±5	尺量检查
		≥12 m 且<18 m		±10	
		≥18 m		±20	
	宽			±5	钢尺量一端中部，取其中偏差绝对值较大处
	厚			±5	
梁、柱	侧向弯曲			$L/750$ 且≤20	拉线、钢尺量最大侧向弯曲处
	表面平整			5	2 m 靠尺和塞尺检查
叠合板、楼梯、阳台等	长	<12 m		±5	尺量检查
		≥12 m 且<18 m		±10	
		≥18 m		±20	
	宽			±5	钢尺量一端中部，取其中偏差绝对值较大处
	厚			±3	

续表 7-7

项次	检验项目	图	允许偏差（mm）	检验方法
叠合板、楼梯、阳台等	对角线差		10	钢尺量两个对角线
	侧向弯曲		L/750 且≤20	拉线、钢尺量最大侧向弯曲处
	翘曲		L/750	调平尺在两端测量
	表面平整		4	2 m 靠尺和塞尺检查

注：L 为构件最长边的长度。

（5）预制构件预留钢筋规格和数量应符合设计要求，预埋件和预留孔洞的尺寸允许偏差应符合表 7-8 的规定。

检查数量：对同类构件，按同批进场数量的 5% 且不少于 5 件抽查，少于 5 件则全数检查。

检查方法：观察、钢尺检查。

表 7-8 预埋件和预留孔洞的尺寸允许偏差

项目			允许偏差（mm）	检验方法
预埋件	预埋件锚板	中心位置偏移	5	尺量检查
		与混凝土面平面高差	0,-5	
	预埋螺栓	中心位置偏移	2	
		外露长度	+10,-5	
	线管、电盒、吊环	中心位置偏移	20	
		与混凝土表面高差	0,-10	
	套筒、螺母	中心位置偏移	2	
预留洞		中心线位置	10	尺量检查
		洞口尺寸深度	±10	
预留孔		中心线位置	5	尺量检查
		孔尺寸	±5	
预留插筋		中心线位置	3	尺量检查
		预留长度	±5	
预留键槽		中心线位置	5	尺量检查
		长度、宽度、深度	±5	

注：检查中心线、螺栓和孔洞位置偏差时，应沿纵、横两个方向测量，并取其中偏差较大者。

7.5 预制构件安装质量检验与验收

7.5.1 一般规定

（1）装配式结构采用钢件焊接、螺栓等连接方式时，其材料性能及施工质量验收应符合现行国家标准《钢结构工程施工质量验收规范》（GB 50205—2001）的相关要求。

（2）装配式混凝土结构安装顺序以及连接方式应保证施工过程结构构件具有足够的承载力和刚度，并应保证结构整体稳固性。

（3）装配式混凝土构件安装过程的临时支撑与拉结应具有足够的承载力和刚度。

（4）装配式混凝土结构吊装起重设备的吊具及吊索规格，应经验算确定。

7.5.2　质量验收

（1）预制构件与结构之间的连接应符合设计要求。

检查数量：全数检查。

检验方法：观察、检查施工记录。

（2）剪力墙底部接缝坐浆强度应满足设计要求。

检查数量：按批检验，以每层为一检验批，每工作班应制作一组且每层不应少于 3 组边长为 70.7 mm 的立方体试件，标准养护 28 d 后进行抗压强度试验。

检验方法：检查坐浆材料强度试验报告及评定记录。

（3）预制构件采用焊接连接时，钢材焊接的焊缝尺寸应满足设计要求，焊缝质量应符合现行国家标准《钢结构焊接规范》（GB 50661—2011）和《钢结构工程施工质量验收规范》（GB 50205—2001）的有关规定。

检查数量：全数检查。

检验方法：按现行国家标准《钢结构工程施工质量验收规范》（GB 50205—2001）的要求进行。

（4）预制构件采用螺栓连接时，螺栓的材质、规格、拧紧力矩应符合设计要求及现行国家标准《钢结构设计规范》（GB 50017—2003）和《钢结构工程施工质量验收规范》（GB 50205—2001）的有关规定。

检查数量：全数检查。

检验方法：按现行国家标准《钢结构工程施工质量验收规范》（GB 50205—2001）的要求进行。

（5）预制构件临时安装支撑应符合施工方案及相关技术标准要求。

检查数量：全数检查。

检验方法：观察、检查施工记录。

（6）装配式结构安装完毕后，装配式结构尺寸允许偏差应符合设计要求，并应符合表 7-9 的规定。

检查数量：按楼层、结构缝或施工段划分检验批。在同一检验批内，对梁、柱，应抽查构件数量的 10%，且不少于 3 件；对墙和板，应按有代表性的自然间抽查 10%，且不少于 3 间；对大空间结构，墙可按相邻轴线间高度 5 m 左右划分检查面，板可按纵、横轴线划分检查面，抽查 10%，且均不少于 3 面。

表 7-9　装配式结构尺寸允许偏差

检查项目		图	允许偏差（mm）	检验方法
柱、墙等竖向结构构件	标高		±5	水准仪和钢尺检查
	构件中心线相对轴线位置		10	钢尺检查
柱、墙等竖向结构构件	垂直度	<5 m	5	靠尺和塞尺检查
		≥5 m 且<10 m	10	
		≥10 m	20	
	墙板两板对接缝		±3	钢尺检查

续表 7-9

检查项目		图	允许偏差 （mm）		检验方法
梁、楼板等水平构件	轴线位置	预制梁 楼面轴线 梁边线投影线 楼面放样线	5		钢尺检查
	标高	预制柱 预制梁 预制梁 结构标高线 预制柱	±5		水准仪和钢尺检查
	相邻两板表面高低差	预制楼板 预制楼板	抹灰	5	靠尺和塞尺检查
			不抹灰	3	

7.6 预制构件现浇连接质量检验与验收

7.6.1 一般规定

（1）装配式结构的外观质量除设计有专门的规定外，尚应符合现行国家标准《混凝土结构工程施工质量验收规范》（GB 50204—2015）中有关现浇混凝土结构的规定。

（2）构件连接部位后浇混凝土及灌浆料的强度达到设计要求后，方可拆除临时固定措施。

（3）在连接节点及叠合构件浇筑混凝土之前，应进行隐蔽工程验收，其内容应包括：

①现浇结构的混凝土结合面。

②后浇混凝土处钢筋的牌号、规格、数量、位置、锚固长度等。

③抗剪钢筋、预埋件、预留专业管线的数量、位置。

7.6.2　质量验收

（1）后浇混凝土强度应符合设计要求。

检查数量：按批检验，检验批应符合以下要求：

①预制构件结合面疏松部分的混凝土应剔除并清理干净。

②模板应保证后浇混凝土部分形状、尺寸和位置准确，并应防止漏浆。

③在浇筑混凝土前应洒水润湿结合面，并不得有积水，混凝土应振捣密实。

④同一配合比的混凝土，每工作班且建筑面积不超过 1 000 m² 应制作一组标准养护试件，同一楼层应制作不少于 3 组标准养护试件。

检验方法：按现行国家标准《混凝土强度检验评定标准》（GB/T 50107—2010）的要求进行。

（2）承受内力的接头和拼缝，当其混凝土强度未达到设计要求时，不得吊装上一层结构构件，当设计无具体要求时，应在混凝土强度不小于 10 MPa 或具有足够的支承时方可吊装上一层结构构件，已安装完毕的装配式结构应在混凝土强度到达设计要求后，方可承受全部设计荷载。

检查数量：全数检查。

检验方法：检查施工记录及试件强度试验报告。

7.7　预制构件机械连接质量检验与验收

7.7.1　一般规定

（1）纵向钢筋采用套筒灌浆连接时，接头应满足行业标准《钢筋机械连接技术规程》（JGJ 107—2016）中Ⅰ级接头的要求，并应符合国家现行有关标准的规定。

（2）钢筋套筒灌浆连接接头采用的套筒应符合现行行业标准《钢筋连接用灌浆套筒》（JG/T 398—2012）的规定。

（3）钢筋套筒灌浆连接接头采用的灌浆料应符合现行行业标准《钢筋连接用套筒灌浆料》（JG/T 408—2013）的规定。

7.7.2　质量验收

（1）钢筋采用机械连接时，其接头质量应符合国家现行标准《钢筋机械连接技术规程》（JGJ 107—2016）的要求。

检查数量：按行业标准《钢筋机械连接技术规程》（JGJ 107—2016）的规定确定。

检验方法：检查钢筋机械连接施工记录及平行加工试件的强度试验报告。

（2）钢筋套筒灌浆连接及浆锚搭接连接的灌浆应密实饱满。

检查数量：全数检查。

检验方法：检查灌浆施工质量检查记录。

（3）钢筋套筒灌浆连接及浆锚搭接连接用的灌浆料强度应满足设计要求。

检查数量：按批检验，以每层为一检验批；每工作班应制作一组且每层不应少于 3 组 40

mm×40 mm×160 mm 长方体试件,标准养护 28 d 后进行抗压强度试验。

检验方法:检查灌浆料强度试验报告及评定记录。

(4)采用钢筋套筒灌浆连接的混凝土结构验收应符合现行国家标准《混凝土结构工程施工质量验收规范》(GB 50204—2015)的有关规定,可划入装配式结构分项工程。

(5)灌浆套筒进厂(场)时,应抽取灌浆套筒检验外观质量、标识和尺寸偏差,检验结果应符合现行行业标准《钢筋连接用灌浆套筒》(JG/T 398—2012)及《钢筋套筒灌浆连接应用技术规程》(JGJ 355—2015)的有关规定。

检查数量:同一批号、同一类型、同一规格的灌浆套筒,不超过 1 000 个为一批,每批随机抽取 10 个灌浆套筒。

检验方法:观察,尺量检查。

(6)灌浆料进场时,应对灌浆料拌和物 30 min 流动度、泌水率及 3 d 抗压强度、28 d 抗压强度、3 h 竖向膨胀率、24 h 与 3 h 竖向膨胀率差值进行检验,检验结果应符合《钢筋套筒灌浆连接应用技术规程》(JGJ 355—2015)的有关规定。

检查数量:同一成分、同一批号的灌浆料,不超过 50 t 为一批,每批按现行行业标准《钢筋连接用套筒灌浆料》(JG/T 408—2013)的有关规定随机抽取灌浆料制作试件。

检验方法:检查质量证明文件和抽样检验报告。

(7)灌浆套筒进厂(场)时,应抽取灌浆套筒并采用与之匹配的灌浆料制作对中连接接头试件,并进行抗拉强度检验,检验结果均应符合《钢筋套筒灌浆连接应用技术规程》(JGJ 355—2015)的有关规定。

检查数量:同一批号、同一类型、同一规格的灌浆套筒,不超过 1 000 个为一批,每批随机抽取 3 个灌浆套筒制作对中连接接头试件。

检验方法:检查质量证明文件和抽样检验报告。

7.8 预制构件接缝防水质量检验与验收

7.8.1 一般规定

装配式混凝土结构的墙板接缝防水施工质量是保证装配式外墙防水性能的关键,施工时应按设计要求进行选材和施工,并采取严格的检验验证措施。

7.8.2 质量验收

(1)预制构件外墙板连接板缝的防水止水条,其品种、规格、性能等应符合现行国家产品标准和设计要求。

检查数量:全数检查。

检验方法:检查产品的质量合格证明文件、检验报告和隐蔽验收记录。

(2)外墙板接缝的防水性能应符合设计要求。

检查数量:按批检验。每 1 000 m² 外墙面积应划分为一个检验批,不足 1 000 m² 时也应划分为一个检验批;每个检验批每 100 m² 应至少抽查一处,每处不得少于 10 m²。

检验方法:检查现场淋水试验报告。

现场淋水试验应满足下列要求:淋水流量不应小于 5 L/(m·min),淋水试验时间不应小于 2 h,检测区域不应有遗漏部位,淋水试验结束后,检查背水面有无渗漏。

7.9 其 他

装配式结构作为混凝土结构子分部工程的一个分项进行验收;装配式结构验收除应符合本章节规定外,尚应符合现行国家标准《混凝土结构工程施工质量验收规范》(GB 50204—2015)的有关规定。

装配式混凝土结构验收时,除应按现行国家标准《混凝土结构工程施工质量验收规范》(GB 50204—2015)的要求提供文件和记录外,尚应提供下列文件和记录:

(1)工程设计文件、预制构件制作和安装的深化设计图。

(2)预制构件、主要材料及配件的质量证明文件、进场验收记录、抽样复验报告。

(3)预制构件安装施工记录。

(4)钢筋套筒灌浆、浆锚搭接连接的施工检验记录。

(5)后浇混凝土部位的隐蔽工程检查验收文件。

(6)后浇混凝土、灌浆料、坐浆材料强度检测报告。

(7)外墙防水施工质量检验记录。

(8)装配式结构分项工程质量验收文件。

(9)装配式工程的重大质量问题的处理方案和验收记录。

(10)装配式工程的其他文件和记录。

装配式混凝土结构与传统现浇混凝土结构在建造工艺上有所区别,因此工序的质量验收上存在差异;掌握各工序施工质量验收方法才能确保装配式混凝土结构的整体质量,从而推动装配式混凝土结构在我国的广泛应用。

思考题

1.装配式混凝土结构施工质量验收主要包含哪些内容?

2.预制构件受力钢筋采用套筒灌浆连接接头,该接头需满足哪些规定?

3.预制混凝土构件出厂检验的主要内容有哪些?

第8章 装配式混凝土结构工程案例

8.1 成都新兴工业园服务中心项目

8.1.1 工程概况

新兴工业园服务中心项目为西南第一个装配式公建项目。本工程主要使用功能集酒店、商业、办公和公交枢纽于一体。工程占地面积 38 498 m²,总建筑面积 90 630 m²,其中1-1号楼(见图 8-1)为办公楼、酒店,共 18 层,层高有 5.4 m、4.1 m、3.6 m 三种类型,总高度74 m;1-2 号楼为商业楼,共 5 层,层高 4.45~5.2 m,总高度 24 m;2 号楼为商业、公寓楼,共11 层,标准层层高 3.4 m,总高度 42.9 m。项目总工期 880 日历天(2016 年 8 月 18 日至 2019年 1 月 15 日)。项目酒店及公寓采用预制装配式结构体系,包括 1-1 号楼和 2 号楼。酒店预制率为 55.97%,公寓装配率为 20%。1-1 号楼标准层单层面积约 1 100 m²,层高 5.4 m、4.1 m、3.6 m,±0.00 以上框架柱,非核心筒区域内梁板均为预制叠合构件,核心筒采用现浇,其主要预制构件种类包括预制柱、预制梁、预制叠合板、预制阳台、预制楼梯及预制外挂板等。2 号楼预制构件主要为预制叠合板。

图 8-1 新兴工业园服务中心项目 1-1 号楼

8.1.2 技术要点

项目部分 1-1 号楼单体建筑采用预制装配式结构,其整体结构施工工艺流程如图 8-2 所示。

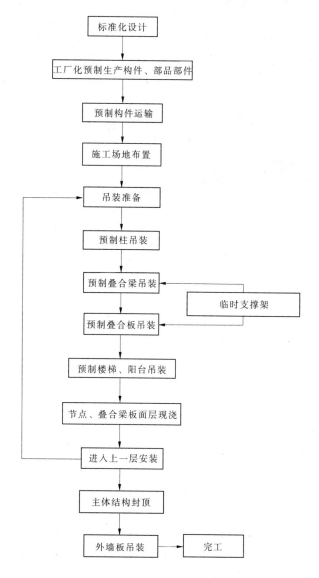

图 8-2 整体结构施工工艺流程

8.1.2.1 吊装安装施工技术

预制构件吊装顺序为:预制柱吊装→预制叠合梁吊装→预制叠合板吊装→预制楼梯吊装,封顶后再吊装预制外挂板。

吊装按照由远及近的方向,先吊外立面转角处预制柱,预制叠合梁、预制叠合板等按照预制柱的吊装顺序分单元进行吊装,以单元为单位进行累积误差的控制。

1.预制柱吊装

（1）预制柱翻转。预制柱柱底垫设橡胶轮胎,同时对预制柱柱底设置木模板护角防止吊装时被破坏,通过预制柱的吊钩利用塔吊将其翻转后进行起吊,如图 8-3 所示。

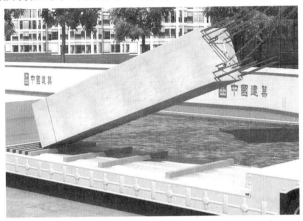

图 8-3　预制柱翻转

（2）预制柱起吊。柱子吊装时用卸扣(或吊钩)将钢丝绳与预制柱的预留吊环连接,起吊至距地 500 mm,检查构件外观质量及吊环连接无误后方可继续起吊,起吊要求缓慢匀速,保证预制柱边缘不被损坏。

（3）柱的调节。

初调:预制构件从堆放场地吊至安装现场,利用下部柱的定位螺栓(或者钢垫片)进行初步定位,因此初步就位后预制构件的水平位置相对比较准确,后面只需进行微调即可。

定位调节:根据控制线精确调整预制柱底部,使底部位置和测量放线的位置重合。

高度调节:构件标高通过水准仪来进行复核。每块柱吊装完成后须复核,每个楼层吊装完成后再次统一复核。

垂直度调节:构件垂直度调节采用可调节斜拉杆,通过旋转杆件,可以对预制构件顶部形成推拉作用,起到板块垂直度调节的作用。

2.预制叠合梁吊装

（1）如图 8-4 所示,叠合梁吊装过程中,在作业层上空 500 mm 处略作停顿,根据叠合梁位置调整叠合梁方向进行定位。吊装过程中注意避免叠合梁上的预留钢筋与柱头的竖向钢筋碰撞,叠合梁停稳慢放,以免吊装放置时冲击力过大导致板面损坏。

（2）叠合梁落位后,先对叠合梁的底标高进行复测,同时使用水平靠尺的水平气泡观察叠合梁是否水平,如出现偏差,及时对叠合梁和独立固定支撑进行调节,待标高和平整度控制在安装误差内之后,再进行摘钩。

（3）梁端使用扣件对两端进行固定。梁长度大于 4 m 的底部支撑应不少于 3 个。

（4）次梁采用搁置式时直接搁置在牛担板上,保证两端部的满堂架支撑不受力。

3.预制叠合板吊装

（1）初步定位:按顺序根据梁上所放出的楼板侧边线及支撑标高,缓慢下降落在支撑架上。安装就位时,一定要注意按箭头方向落位,同时观察楼板预留孔洞与水电图纸的相对位

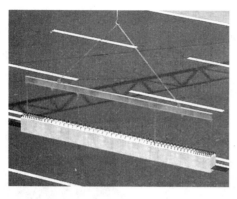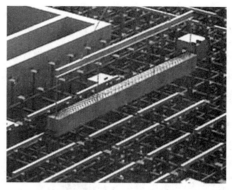

图 8-4　预制叠合梁吊装示意图

置(以防止构件厂将箭头编错)。叠合板安装时短边深入梁上 15 mm,叠合板长边与梁或板与板拼缝见设计图纸。

(2)调整:根据控制线以及标高精确调整构件的水平位置、标高、垂直度,使误差控制在本方案允许范围内。

(3)检查:叠合楼板吊装完后全数检查支撑架的受力情况,以及板与板拼缝处的高差(此处高差应在 3 mm 以内)。

(4)取钩:检查下面支撑及板的拼缝,使所有支撑杆件受力基本一致,板底拼缝高低差小于 3 mm,确认后取钩。

如图 8-5 所示,叠合板吊装过程中,在作业层上空 500 mm 处略作停顿,根据叠合板位置调整叠合板方向进行定位。吊装过程中注意避免叠合板上的预留钢筋与叠合梁箍筋碰撞,叠合板停稳慢放,以免吊装放置时冲击力过大导致板面损坏。

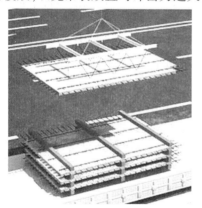

图 8-5　预制叠合板吊装示意图

4.预制楼梯安装

(1)吊具安装:根据构件形式选择合适的吊具,因楼梯为斜构件,吊装时用 2 根同长钢丝绳 4 点起吊,楼梯梯段下部用 1 根钢丝绳分别固定两个吊钉,楼梯梯段上部由 1 根钢丝绳穿过吊钩两端固定在两个吊钉上(下部钢丝绳加吊具长度应是上部的 2 倍)。

(2)安装、就位:根据梯段两端预留位置安装,安装时根据图纸要求调节安装空隙的尺寸。

（3）检查、校核：梯段就位前休息平台叠合板须安装调节完成，因平台板需支撑梯段荷载。检查梯段支撑面叠合板的标高是否准确，梯段支撑面下部支撑是否搭设完毕且牢固。

（4）楼梯板固定后，在预制楼梯板与休息平台连接部位采用灌浆料进行灌浆，灌浆要求从楼梯板的一侧向另外一侧灌注，待灌浆料从另一侧溢出后表示灌满。预制楼梯吊装示意图如图 8-6 所示。

图 8-6　预制楼梯的吊装示意图

5.预制外挂板吊装

（1）当塔吊或起重机把外墙板吊离地面时，检查构件是否水平，各吊钉的受力情况是否均匀，使构件达到水平，各吊钩受力均匀后方可起吊至施工位置。

（2）在距离安装位置 50 cm 高时停止塔吊或起重机下降，检查墙板的正反面应该和图纸正反面一致，检查地上所标示的位置是否与实际相符。

（3）根据楼面所放出的墙板侧边线、端线、垫块、外墙板下端的连接件（连接件安装时外边与外墙板内边线重合）使外墙板就位。

（4）初步就位：预制构件从堆放场地吊至安装现场，由 1 名指挥工、2~3 名操作工配合，利用上部墙板的固定螺栓和下部的定位螺栓进行初步定位，因此初步就位后预制构件的水平位置相对比较准确，后面只需进行微调即可。

（5）初步就位后进行外挂板斜拉杆的安装，在塔吊松钩前完成上部螺栓的加固连接。

（6）定位调节：根据控制线精确调整外墙板底部，使底部位置和测量放线的位置重合。

（7）高度调节：构件标高通过水准仪来进行复核。每块板块吊装完成后须复核，每个楼层吊装完成后须统一复核。高度调节前须做好以下准备工作：引测楼层水平控制点；每块预制板面弹出水平控制线；相关人员及测量仪器、调校工具到位。

（8）垂直度调节：构件垂直度调节采用可调节斜拉杆，每一块预制构件设置 4 道可调节斜拉杆，拉杆后端均牢靠固定在结构楼板上。拉杆顶部设有可调螺纹装置，通过旋转杆件，可以对预制构件顶部形成推拉作用，起到板块垂直度调节的作用。构件垂直度通过水准仪来进行复核。每块板块吊装完成后须复核，每个楼层吊装完成后须统一再次复核。

（9）外挂板就位后，立即进行焊接固定，焊接采用单面焊。完成焊接后拆除斜支撑。预制外挂板吊装示意图如图 8-7 所示。

图 8-7　预制外挂板吊装示意图

8.1.2.2　柱底灌浆施工技术

1.工艺流程

灌浆工艺流程如图 8-8 所示。

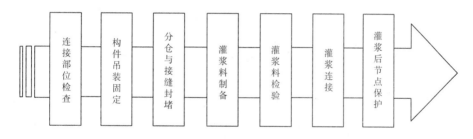

图 8-8　灌浆工艺流程

2.前期准备工作

(1)灌浆料的运输与存放。现场存放灌浆料时需搭设专门的灌浆料储存仓库,要求该仓库防雨、通风,仓库内搭设放置灌浆料存放架(离地一定高度),使灌浆料处于干燥、阴凉处。

(2)器具准备。灌浆操作时需要准备的机具包括量筒、桶、搅拌机、灌浆筒、电子秤等,根据墙板灌注数量,配置一定量的灌浆料。

3.灌浆料制备

(1)搅拌和使用时间。灌浆料的制备要严格按照其配比说明书进行操作,其可用机械搅拌或人工搅拌,建议用机械搅拌。拌制时,记录拌和水的温度,先加入 80% 的水,然后逐渐加入灌浆料,搅拌 3~4 min 至浆料黏稠无颗粒、无干灰,再加入剩余 20% 的水,整个搅拌过程不能少于 5 min,完成后静置 2 min。搅拌地点应尽量靠近灌浆施工地点,距离不宜过长;每次搅拌量应视使用量多少而定,以保证 30 min 以内将料用完。

(2)流动度检测。灌浆料制备完毕待气泡消除后应进行流动度测试,检测不合格的灌浆料则重新制备。

(3)注浆施工。如图 8-9 所示,砂浆封堵 24 h 后可进行灌浆,拟采用机械灌浆。浆料从下排灌浆孔进入,灌浆时先用塞子将其余下排灌浆孔封堵,待浆料从上排出浆孔溢出后将上排进行封堵,再继续从下排灌浆至无法灌入后用塞子将其封堵,以此步骤对每个套筒进行逐个灌浆,不得从四侧同时进行灌浆。

图 8-9 注浆施工示意图

要求注浆连续进行,每次拌制的浆料需在 30 min 内用完,灌浆完成后 24 h 之内,预制柱不得受到振动。

单个套筒灌浆采用灌浆枪或小流量灌浆泵;多接头联通腔灌浆采用配套的电动灌浆泵。

灌浆完成浆料凝前,巡检已灌浆接头,填写记录,如有漏浆及时处理;灌浆料凝固后,检查接头充盈度。

(4)试件制作。灌浆施工过程中,需制作同条件试块与试件。灌浆料需留置同条件试块,每层留置一组试块,每组 3 块,试块规格为 40 mm×40 mm×160 mm;灌浆操作每完成 500 个钢筋连接套筒做一组试件,每组试件 3 个接头,试件留置时,需在安放架上操作完成灌浆,并进行 28 d 标准养护。灌浆套筒连接试件固定模型及试件制作示意图如图 8-10 所示,灌浆料同条件试块制作模具示意图如图 8-11 所示。

8.1.2.3 支模技术

梁板支模考虑整体搭设 5.4 m、4.1 m、3.6 m 高的满堂架,满堂架使用的材料为键槽承插式脚手架、顶托、100 mm×100 mm 木方。

考虑叠合板和叠合梁均有一定强度的抗弯能力(设计要求的立杆间距不大于 1.8 m),因此可以不设置龙骨,叠合部分的满堂架立杆间距设置为 1 200 mm,水平杆设置 3~4 层,步距为 1 500 mm。

叠合梁采用梁底单排顶撑,顶撑下部 200 mm 处增加一道水平杆,顶托上设置钢管作为主龙骨,并用扣件将梁夹住固定。结合工程特点,本项目梁下支撑间距为 1 200 mm。

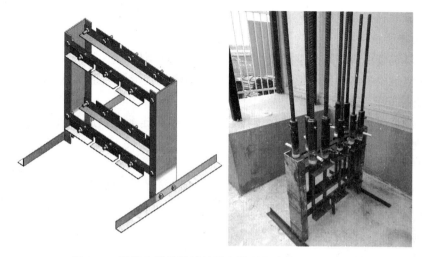

图 8-10 灌浆套筒连接试件固定模型及试件制作示意图

图 8-11 灌浆料同条件试块制作模具示意图

吊装完后需要调整每根梁底的顶托,使之完全顶紧。

主次梁部位单独设置一根独立支撑。

8.1.2.4 成品保护技术

1.构件运输及存放

构件运输过程中一定要匀速行驶,严禁超速、猛拐和急刹车。车上应设有专用架,且需有可靠的稳定构件措施,用钢丝带加紧固器绑牢,以防运输受损。

2.构件吊装

预制构件吊装时,起吊、回转、就位和调整各阶段应有可靠的操作与防护措施,以防预制构件发生碰撞扭转与变形。预制楼梯起吊、运输、码放和翻身必须注意平衡,轻起轻放,防止碰撞,保护好楼梯阴阳角。

3.现浇层定位筋保护

(1)在主楼地下柱子浇筑前绑扎定位插筋,然后用钢筋措施件固定插筋位置,避免在浇筑混凝土时插筋跑偏,导致柱子安装不上。

(2)在浇筑地下柱子之前插筋采用塑料薄膜包裹严实,保护其不被混凝土砂浆污染。

(3)在浇筑地下柱子完成后与预制墙板吊装前将插筋上塑料薄膜去除干净,避免遗留污染物。

4.构件预埋件保护

1）柱预埋螺栓保护

（1）在浇筑楼板前与附加钢筋及主筋焊接定位预埋螺栓。

（2）在浇筑楼板前将预埋螺栓预留丝扣处采用塑料胶带包裹密实,以免被混凝土污染,导致墙板支撑安装出现问题。

（3）在浇筑楼板完成后及安装柱支撑之前将预埋螺栓上塑料胶带拆除干净,以免安装支撑时出现问题。

2）楼梯预埋件保护

（1）在浇筑楼梯间地板之前将楼梯埋件参照楼梯深化图中楼梯上埋件位置定位准确。

（2）在吊装预制楼梯之前将楼梯埋件处砂浆、灰土等杂质清除干净,与预制楼梯处埋件焊接。

3）外挂板预埋件保护

吊装之前需对预制外挂板的预埋吊装螺母进行保护,以防外挂板存放过程中螺母进水锈蚀。

5.预制构件保护

1）预制外挂板成品保护

（1）预制外挂板进场后按照指定地点摆放且不得超过4层,堆放时垫木堆放构件跨中1/3位置处。

（2）预制外挂板的四个角采用橡塑材料成品护角;吊装墙板时与各塔吊信号工协调吊装,避免碰撞造成损坏。

（3）预制墙板窗洞口保护采用现场废弃多层板制作成如图8-12所示C形构件,保护窗洞口下部不被损坏。

2）预制柱、梁保护

（1）预制梁柱进场后按照指定地点摆放,摆放时将木方垫在梁柱下,避免其与地面直接接触损坏。

（2）在吊装前将梁柱四角用橡塑材料成品护角。

（3）在吊装过程与吊装完成后,梁柱清水面如有砂浆等污染,及时处理干净。吊装墙板时,与各塔吊信号工协调吊装,避免碰撞造成损坏。

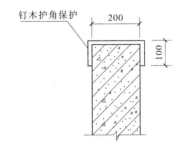

图8-12 预制墙板窗洞口保护示意图

3）预制楼梯保护

（1）预制楼梯板进场后堆放不得超过4层,堆放时垫木必须垫放在的楼梯吊装点下方。

（2）在吊装前预制楼梯采用多层板钉成整体踏步台阶形状保护踏步面不被损坏,并且将楼梯两侧用多层板固定做保护,踏步上多层板留出吊装孔洞以便吊装时使用。

4）预制阳台、叠合板保护

（1）预制阳台、叠合板进场后堆放不得超过4层。

（2）吊装预制阳台之前采用橡塑材料成品护阳角。

（3）预制阳台、叠合板在施工吊装时不得野蛮施工,不得踩踏板上钢筋,避免其偏位。

8.1.3 总结

8.1.3.1 标准化设计

设计时根据建筑特点,将建筑标准化、模块化,尽可能减少结构构件、部品部件种类,将结构拆分成柱、梁、板、楼梯等标准化构件,方便构件生产、运输、施工。

8.1.3.2 机械化装配施工

现场施工大多采用机械化安装,构件通过吊装器械吊装就位,方便现场的安装与管理,施工速度快,提高了工作效率,人工数量较传统作业大大减少,保证工期。

8.1.3.3 科学管理

装配式框架结构施工,构件标准化生产,现场机械化施工,人员专业化分工,有利于实现精益化管理,提高装配效率,倡导采用 EPC 总包管理模式,实现科学管理一体化。

8.1.3.4 安全、环保

安全工装防护设施的使用,构件的标准化,操作人员的专业化,施工工艺的程序化,降低了作业难度,使施工危险出现的概率大大减小,保证了安全施工。

整体装配式混凝土结构建筑构件采用工厂化进行生产,现场采用机械进行吊装安装,除墙体连接节点部位和叠合板现浇层采用混凝土现浇作业外,基本避免了现场湿作业,减少建筑垃圾约为 60%,节约施工养护用水约为 70%,减少了现场混凝土振捣造成的噪声污染、粉尘污染,在节能环保方面优势明显。

8.2 裕璟幸福家园项目

8.2.1 工程概况

裕璟幸福家园项目(见图 8-13 和图 8-14)位于深圳市坪山新区坪山街道田头社区上围路南侧,东至规划创景南路,西至祥心路,南至规划南坪快速路,北至坪山金田东路,是深圳市首个 EPC 模式的装配式剪力墙结构体系的试点项目。本工程共 3 栋塔楼(1#、2#、3#),建筑高度分别为 92.8 m(1#楼、2#楼)、95.9 m(3#楼),地下室 2 层,是华南地区装配式剪力墙结构建筑高度最高项目。本工程预制率达 50% 左右(1#楼、2#楼 49.3%,3#楼 47.2%),装配率达 70% 左右(1#楼、2#楼 71.5%,3#楼 68.2%),是深圳市装配式剪力墙结构预制率、装配率最高项目,也是采用深圳市标准化设计图集的标准化设计的第一个项目。总占地面积为 11 164.76 m²,总建筑面积为 6.4 万 m²(地上 5 万 m²,地下 1.4 万 m²),建筑使用年限为 50 年,耐火等级为一级,建筑类别为一类,人防等级为 6 级。本工程结构设计使用年限为 50 年,设计耐久性为 50 年,建筑结构安全等级为二级,建筑抗震设防分类为丙类,抗震设防烈度为 7 度,地基基础设计等级为甲级,地下室防水等级为二级。

本项目 3 栋高层住宅共计 944 户,由 35 m²、50 m²、65 m² 三种标准化户型模块组成,为选用"深圳市保障性住房标准化系列化研究课题"的研究成果。通过对户型的标准化、模数化的设计研究,结合室内精装修一体化设计,各栋组合建筑平面方正实用、结构简洁,满足工业化住宅设计体系的原则。1#楼、2#楼标准层(见图 8-15 和图 8-16)采用一种通用户型、一种阳台、三种空调板、一种楼梯板;3#楼(见图 8-17 和图 8-18)采用两种户型、一种阳台、两种空调板、一种楼梯板。实现了平面的标准化,为预制构件的少种类、多数量提供了可能。

图 8-13 裕璟幸福家园项目俯视效果图

图 8-14 裕璟幸福家园项目立面图

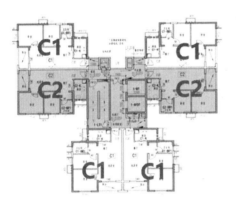

图 8-15 1#楼、2#楼标准层平面图

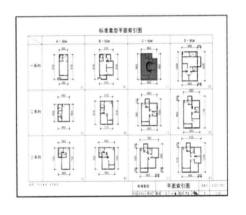

图 8-16 标准套型平面索引图 C 户型(65 m²)

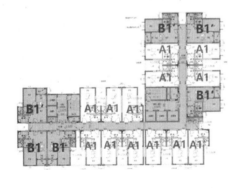

图 8-17 3#楼标准层平面图

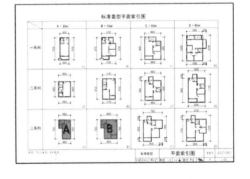

图 8-18 标准套型平面索引图 A/B 户型(35/50 m²)

本工程预制范围从地上 5/6 层开始,主要预制构件包括预制内外墙、预制叠合板、预制叠合梁、预制楼梯、预制阳台等。机房层与底部加强层采用现浇。经计算,本工程预制率达 50% 左右,装配率达 70% 左右,具体如图 8-19~图 8-21 所示。

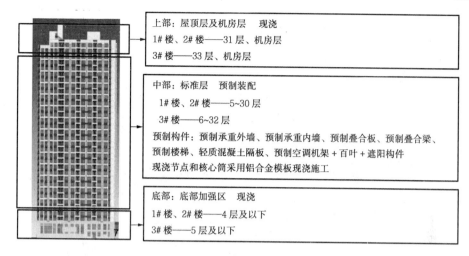

上部：屋顶层及机房层 现浇
1# 楼、2# 楼——31 层、机房层
3# 楼——33 层、机房层

中部：标准层 预制装配
　1# 楼、2# 楼——5~30 层
　3# 楼——6~32 层
预制构件：预制承重外墙、预制承重内墙、预制叠合板、预制叠合梁、预制楼梯、轻质混凝土隔板、预制空调机架 + 百叶 + 遮阳构件
现浇节点和核心筒采用铝合金模板现浇施工

底部：底部加强区 现浇
1# 楼、2# 楼——4 层及以下
3# 楼——5 层及以下

图 8-19 各栋塔楼图装配层立面分布图

预制率=49.3%
装配率=71.5%

预制率=47.2%
装配率=68.2%

图 8-20 1#楼、2#楼预制率与装配率 　　　　　图 8-21 3#楼预制率与装配率

各楼栋标准层的预制构件类型及关键节点如图 8-22~图 8-25 所示。

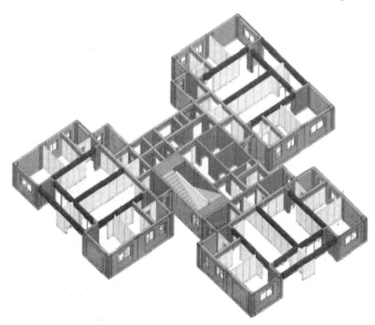

图 8-22 1#楼、2#楼标准层构件拆分示意图

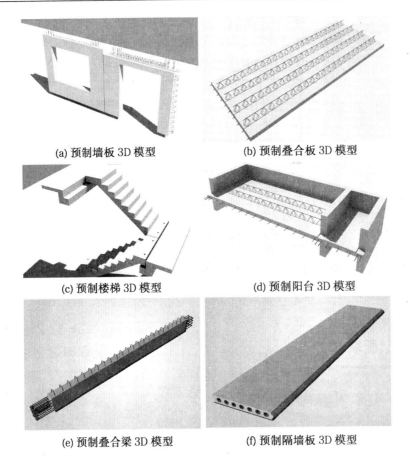

(a) 预制墙板 3D 模型　　　　　　(b) 预制叠合板 3D 模型

(c) 预制楼梯 3D 模型　　　　　　(d) 预制阳台 3D 模型

(e) 预制叠合梁 3D 模型　　　　　(f) 预制隔墙板 3D 模型

图 8-23　预制构件 3D 模型

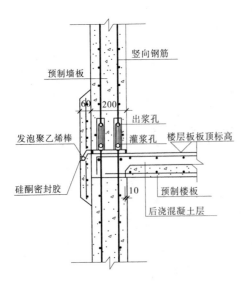

图 8-24　预制构件水平现浇节点

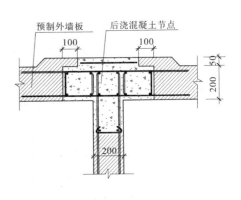

图 8-25　预制构件竖向现浇节点

8.2.2　工程特点与创新

8.2.2.1　设计、生产、施工全产业链采用标准化设计

1.设计标准化

（1）标准化户型（分别为 35 m²、50 m²、65 m²）。其中，1#楼、2#楼采用 65 m² 一种户型（见图 8-26），3#楼采用 35 m²、50 m² 两种户型组合（见图 8-27）。

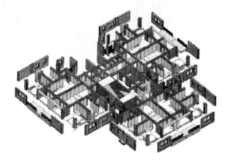

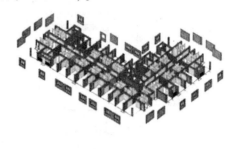

图 8-26　1#楼、2#楼户型标准化设计　　　　图 8-27　3#楼户型标准化设计

（2）预制构件拆分标准化设计，见表 8-1。

表 8-1　预制构件拆分标准化设计构件数量

构件类型		外墙板	内墙板	叠合板	预制楼梯	预制阳台	轻钢型空调板	叠合梁
构件数量	1#楼	33	4	24	2	3	15	12
	2#楼	33	4	24	2	3	15	12
	3#楼	66	14	50	4	1	28	18

（3）预制构件现浇节点标准化设计，见图 8-28 和图 8-29。根据南方地区结构特点，在三明治墙板节点设计基础上进行设计优化。

2.PC 构件模具设计标准化

模具设计时采用标准化设计，便于各项目模具周转使用。

如采用"哈工大项目"相同体系的内隔墙，此部分预制墙体的模具即可共同重复使用，既可以降低成本，又可以缩短模具制作周期。

3.铝模、轻质墙板设计标准化

（1）铝模设计时，采用标准化设计，便于项目周转使用，如图 8-30 所示。

（2）轻质隔墙板设计时，采用标准化、模块模数化，如图 8-31 所示。

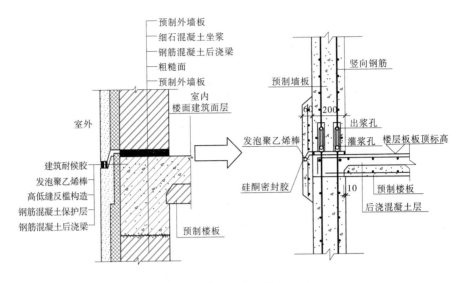

图 8-28　水平节点标准化设计

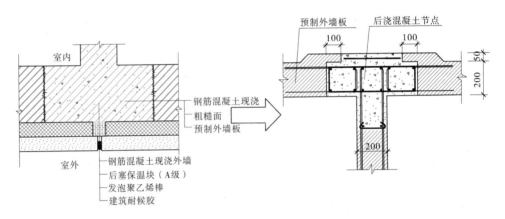

图 8-29　竖向节点标准化设计

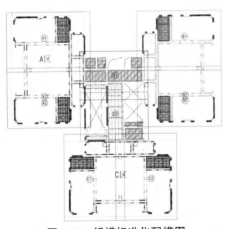

图 8-30　铝模标准化配模图

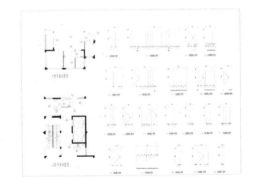

图 8-31　轻质隔墙板标准化排版图

8.2.2.2　全产业链 BIM 技术集成应用

1.概述

设计院建立了"基于企业云"的装配式建筑协同平台,实现装配式建筑"全员、全专业、全过程"的三全 BIM 应用,如图 8-32 所示。

全员 BIM:BIM 不只是三维画图,更要全员共用、共享。

全专业 BIM:同一模型,各专业一体设计。

全过程 BIM:设计、加工、装配一体,EPC 管理核心。

图 8-32　1#楼、2#楼多专业集成 BIM 模型

2.BIM 在 EPC 管理上的应用

本工程在 EPC 总承包的发展模式下,建立以 BIM 为基础的建筑+互联网的信息平台(见图 8-33),通过 BIM 实现建筑在设计、生产、施工全产业链的信息交互和共享,提高全产业链的效率和项目管理水平。

图 8-33　基于 BIM 技术的 EPC 信息化管理平台

3.BIM 在设计阶段的应用

(1)利用 BIM 进行预制构件三维拆分设计、深化设计及三维出图,如图 8-34 所示。

(2)利用 BIM 进行机电管线设计及机电管线碰撞检查,如图 8-35 所示。

(3)利用 BIM 进行精装设计,其模型如图 8-36 所示。

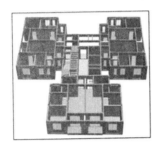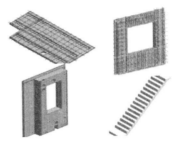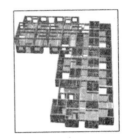

图 8-34　PC 构件 BIM 模型

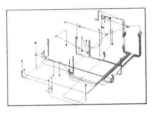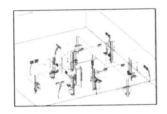

图 8-35　利用 BIM 模型进行管线碰撞检查

1# 楼、2# 楼标准层精装模型

3# 楼标准层精装模型

厨房模型　　卫浴模型　　卧室模型

客厅模型　　卧室模型

图 8-36　1# 楼~3# 楼 BIM 精装模型

4.BIM 在工厂生产阶段的应用

预制构件厂利用 BIM 三维图纸指导预制构件加工制作及工程量统计,实现自动导图、自动算量、自动加工、自动生产的全自动化流水生产,如图 8-37 所示。

5.BIM 在施工阶段的应用

(1)利用 BIM 进行现场平面布置模拟,如图 8-38 所示。

(2)利用 BIM 进行施工方案模拟及施工信息协同应用,如图 8-39 所示。

(3)利用 BIM 精装模型生成精装清单,便于商务招标采购及现场施工,如图 8-40~图 8-45 所示。

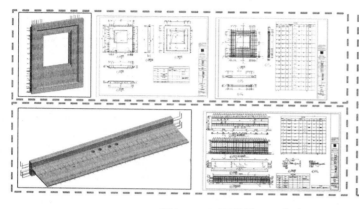
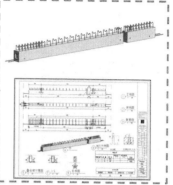

图 8-37　工厂利用 BIM 自动导图、自动算量

图 8-38　施工现场 BIM 仿真模型

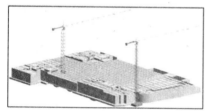
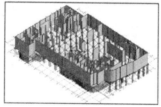
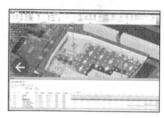

图 8-39　施工方案 BIM 4D 模拟

图 8-40　厨卫间 BIM 渲染效果　　　　　图 8-41　卧室 BIM 渲染效果

1#C户型装修材料统计表				
A 材质	**B** 族	**C** 合计总裁	**D** 长度	**E** 宽度
MT-01	内装-户内300x300铝扣板吊顶	1	246	246
MT-01	内装-户内300x300铝扣板吊顶	1	246	300
MT-01	内装-户内300x300铝扣板吊顶	1	247	247
MT-01	内装-户内300x300铝扣板吊顶	8	247	300
MT-01	内装-户内300x300铝扣板吊顶	3	300	146
MT-01	内装-户内300x300铝扣板吊顶	1	300	246
MT-01	内装-户内300x300铝扣板吊顶	4	300	247
MT-01	内装-户内300x300铝扣板吊顶	59	300	300
内装-户内300x300铝扣板吊顶 83		83		
MT-01	内装-铝箔花-50轻钢主龙骨	5	1470	
内装-铝箔天花-50轻钢主龙骨:5				
MT-01	内装-铝箔天花-人字龙骨	4	920	
MT-01	内装-铝箔天花-人字龙骨	4	1770	
MT-01	内装-铝箔天花-人字龙骨	2	2070	
MT-01	内装-铝箔天花-人字龙骨	2	2570	
内装-铝箔天花-人字龙骨 12		12		

图 8-42　BIM 导出的 1#楼 C 户型装修材料表

1#C户型家具家电明细表				
A 族	**B** 合计	**C** 材质	**D** 长度	**E** 宽度
内装-书桌	2	M_木材		800
内装-户内-床1200	1	M_纺织品	2000	1150
内装-户内-床1500	1	M_纺织品	2070	1500
内装-微波炉	1			
内装-抽-油烟机	1	M_塑钢		
内装-椅子	4	M_纺织品		
内装-沙发	1			
内装-洗衣机	1			
内装-液晶电视	3			700
内装-电视柜	1	电视柜材质		
内装-空调_001	1			
内装-艺术花瓶	1			
内装-茶几	1	玻璃		
内装-衣柜1800	1	M_木质_062	1800	
内装-衣柜边柜	1	M_木质_062	1118	
内装-装饰画	2	装饰画	970	912
内装-鞋柜	1	鞋柜面板		
内装-餐桌	1			
排风扇	1	M_灰色材质		
总计：24				

图 8-43　BIM 导出的 1#楼 C 户型家具家电明细表

1#C户型卫浴装置明细表				
A 材质	**B** 族	**C** 合计	**D** 高度	**E** 宽度
SF-01	内装-卫生间网篮夹手盆L600*W500*H205mm（带配套铜镀铬存水弯）	1		
SF-07	内装-卫生间商品玻璃镜	1	810	600
SF-04	内装-卫生间地漏盖	1		
SF-04	内装-阳台洗衣机专用地漏盖	1		
SF-05	内装-卫生间拉杆构	1		
SF-06	内装-卫生间毛巾架	1		
SF-03	内装-卫生间花洒（带单柄铜镀铬混水阀、放水龙头）	1		
SF-08	内装-因尔不锈钢水菜盆L500*W400*H170mm（带水龙头、角阀）	1		
	内装-陶瓷座便器（带配套铜镀铬角阀和连接软管）	1		

图 8-44　BIM 导出的 1#楼 C 户型卫浴装置明细表

1#楼C户型线管配件明细表			
A 尺寸	**B** 弯曲半径	**C** 类型	**D** 弯头或管件
16 mmφx16 mmφ	50 mm	强电弯头	弯头
16 mmφx16 mmφ	50 mm	强电弯头	弯头
16 mmφx16 mmφ	50 mm	强电弯头	弯头
16 mmφx16 mmφ	50 mm	强电弯头	弯头
16 mmφx16 mmφ	50 mm	强电弯头	弯头
16 mmφx16 mmφ	50 mm	强电弯头	弯头
16 mmφx16 mmφ	50 mm	强电弯头	弯头
16 mmφx16 mmφ	50 mm	强电弯头	弯头
16 mmφx16 mmφ	50 mm	强电弯头	弯头
16 mmφx16 mmφ	50 mm	强电弯头	弯头
16 mmφx16 mmφ	50 mm	强电弯头	弯头
16 mmφx16 mmφ	50 mm	强电弯头	弯头
16 mmφx16 mmφ	50 mm	强电弯头	弯头
16 mmφx16 mmφ	50 mm	强电弯头	弯头
16 mmφx16 mmφ	50 mm	强电弯头	弯头
16 mmφx16 mmφ	50 mm	强电弯头	弯头

图 8-45　BIM 导出的 1#楼 C 户型线管配件明细表

8.2.2.3　装配式系列施工技术

1.新型爬架

针对本项目结构特点,项目部联合爬架厂商共同设计出适用于建筑工业化的新型爬架体系,其特点架体总高度 11 m,覆盖结构 3.5 层(构件安装层、铝模拆除层、外饰面装修层),如图 8-46 所示。

图 8-46　新型爬架 BIM 模型

2.装配式工装体系

针对装配式剪力墙结构特点,项目部完成了预制构件临时堆放架、钢筋定位框、预制构件吊梁、灌浆套筒工艺试验架、预制构件水平位移及竖向标高调节器等系列深化设计和加工制作,如图 8-47~图 8-54 所示。

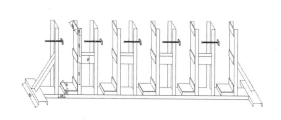

图 8-47　预制墙板堆放架三维图

图 8-48　预制墙板堆放架实物

图 8-49　预制构件吊梁

图 8-50　灌浆套筒工艺试验架

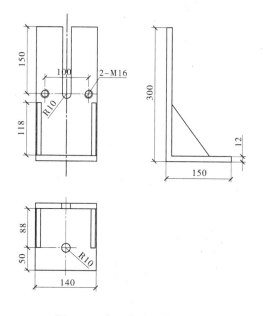

图 8-51　水平位移调节器详图

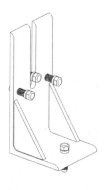

图 8-52　水平位移调节器三维示意图

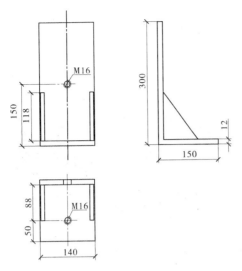

图 8-53　竖向位移调节器详图

图 8-54　竖向位移调节器三维示意图

3.灌浆套筒定位装置

为解决全灌浆套筒在预制墙板生产过程中安装精度及套筒内钢筋定位的问题,设计院设计了套筒定位装置(见图 8-55),目前套筒与钢筋精准限位器正在申请专利。

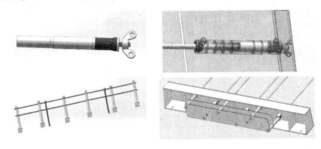

图 8-55　套筒定位装置 3D 模型

4.套筒灌浆平行试验装置

套筒灌浆密实度检验为装配式剪力墙结构体系质量保障的重点和难题,为保证套筒灌浆密实度,在预制墙体套筒灌浆时,利用同一批次灌浆料进行平行试验,待强度达到设计要求时,取出套筒进行抗拉拔试验,如图 8-56～图 8-59 所示。

图 8-56　上层预制剪力墙连接模拟装置

图 8-57　下层预制剪力墙连接模拟装置

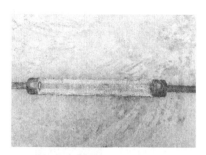

图 8-58　灌浆连接试件实剖

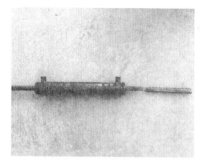

图 8-59　拉拔试验

8.2.2.4　信息化管理技术体系

1.门禁实名制系统

项目采用门禁系统与劳务实名制系统相关联,通过门禁系统可以实时显示各专业工种人员到岗情况,通过手机 APP 可以实时查看工人考勤情况、安全教育情况、工资发放情况、劳务合同情况等,如图 8-60 所示。

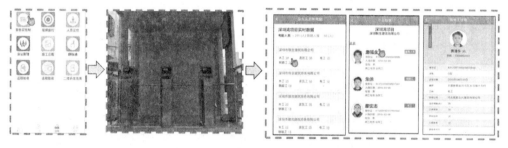

图 8-60　实名制系统手机端管理界面及流程

2.视频监控系统

项目采用视频监控系统与手机 APP 相关联,通过手机 APP 可以随时调动现场摄像头,可以实时查看现场施工情况,如图 8-61 所示。

图 8-61　视频监控系统手机端管理界面及流程

3.二维码追溯系统

在预制构件、实体结构、管理人员安全帽上粘贴信息化二维码,可以实现相关信息的全过程追溯,方便实用,如图8-62所示。

图8-62　二维码追溯系统手机端界面

4.人员定位系统

本项目对劳务及项目管理人员采用人员定位系统(见图8-63),通过将 RFID 射频芯片镶嵌进安全帽内,并在楼层内布置信号接收基站,可以对现场的人员进行实时追踪定位,及时预警和监控安全状况。

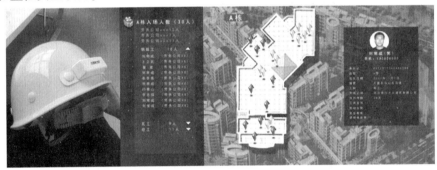

图8-63　人员定位系统 PC 端显示界面

5.预制构件追踪定位系统

预制构件追踪定位系统(见图8-64),是通过定位追踪 APP 操作选择指定构件,指定构件的定位器将发出蜂鸣及红色闪光,便于工人迅速找准构件,同时通过扫描定位器边上的二维码确认构件并获取构件详细信息。

6.大型设备监控系统

项目采用塔吊监控系统(黑匣子),主要监控风速、载重、力矩、高度、角度、幅度等,如图8-65所示。

7.安全三级巡检系统

项目采用安全三级巡检手机 APP 系统,项目部安全常规检查(日检、周检、月检)、重点部位专项检查、安全整改等通过手机 APP 来实现,如图8-66所示。

图 8-64　预制构件追踪定位系统使用示意图

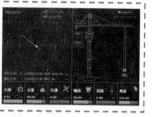

图 8-65　大型设备监控系统使用示意图

图 8-66　安全三级巡检系统使用示意图

8.3　观湖国际(二期)13#楼项目

8.3.1　工程概况

项目位于郑州市经济开发区第十三大街与经南八路交叉口东北角,所处地貌为黄河冲积平原,整个场地地势起伏较大,最大高差 3.4 m,场地稳定。拟建建筑面积 122 677.665 m²,地上建筑面积 88 312.36 m²,包括 1#~5#五幢高层住宅,其中 1#、2#、4#楼均为 33 层,3#、5#为 31 层;6#~12#六幢多层住宅,均为 7 层,以及商业 1#楼和 13#楼。本工程为观湖国际(二期)13#楼项目(见图 8-67),总建筑面积为 10 271.55 m²,地下 2 层,地上 27 层,建筑总高度 78.33 m。地下 2 层及地上 1~4 层为现浇剪力墙结构,地上 5~27 层采用全装配式剪力墙结构,上下墙体连接采用钢筋套筒灌浆连接。

8.3.2　技术要点

8.3.2.1　工程难点

(1)本工程预制构件包括预制外墙板、预制内墙板、预制叠合楼板、预制楼梯、预制隔墙

图 8-67　观湖国际(二期)13#楼项目

和预制装饰板等多种类型,每种类型又有多种型号。因此,在加工前,应按照总进度计划排出预制构件加工专项计划,其中包括预制构件加工深化图纸绘制及确认、预制构件材料采购、预制构件制作、预制构件运输等内容。构件的加工计划、运输计划和每辆车构件的装车顺序紧密地与现场施工计划和吊装计划相结合,确保每个构件严格按实际吊装时间进场,才能保证现场施工的连续性。

(2)装配式施工配套技术和资源还不完善。目前河南省尚未有施工完成的全装配式剪力墙结构项目(套筒灌浆连接)可供借鉴,且没有配套成熟的施工经验和施工技术,没有熟练的产业化工人,甚至没有与之匹配的验收规程,给现场的施工及项目验收等过程带来了很大的难度。

(3)本工程跨越雨期和冬期施工,需要采取有效的冬、雨期施工措施,且规范要求套筒灌浆作业在环境温度低于 5 ℃时不宜施工,低于 0 ℃时禁止施工作业。因此,进入冬期施工作业段时必须对现场环境温度进行实时监控,确保施工作业的质量,必要时需要采取有效的措施。在温度环境限制的条件下如何保证冬期套筒灌浆作业的质量是本工程的主要难点。

(4)装配式结构体系为新工艺,工人操作难度大,墙体位置及标高等控制要求精准;预制构件运输、现场存放等需做好成品保护,防止施工过程中对构件产生破坏。构件安装完成后无须抹灰,因此给现场施工过程中构件的成品保护带来了一定难度。

(5)本工程预制率及装配率均比较高,构件种类多、自重大,最大构件自重达 6.7 t,吊装作业难度大,施工作业项目多,顺序要求严格,安全注意事项较多。墙体需要采用临时支撑固定。

8.3.2.2　建筑图深化设计

(1)施工采用全预制装配形式,本工程预制构件分为预制外墙、预制内墙、预制叠合楼板、叠合式预制空调板、预制楼梯及外装饰造型等。

(2)在装配式建筑方案设计阶段,应协调建设、设计、制作、施工各方之间的关系,并应加强建筑、结构、设备、装修等专业之间的配合,深化设计具体内容见图 8-68。

(3)利用拆分设计软件进行构件二维、三维设计,标准层预制及现浇节点拆分(见图 8-69)

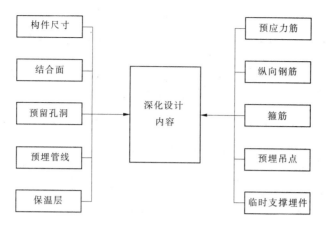

图 8-68 深化设计内容

图 8-69 建筑图拆分

和构件编号平面图及三维建模,如图 8-70 所示,剪力墙构件预制深化图如图 8-71 所示。

(4)叠合板预制及现浇节点拆分和构件编号平面图如图 8-72 所示。

8.3.2.3 构件预制生产

1. 生产车间整体平面布局

根据构件制作工艺及流程安排,本工程预制主要在生产车间内进行,所有预制构件和施工现场需要的钢筋均在车间加工进行配送。生产车间主要分为三部分,其中南侧车间主要放置钢筋生产设备;南侧车间西侧放置固定模台,主要生产楼梯、带飘窗外墙、外造型等异形构件;北侧车间为 PC 流水线车间,主要生产楼层叠合板、内外墙等"一字形"构件,物流及构件运输均通过行车进行。

生产车间整体平面布局如图 8-73 所示。

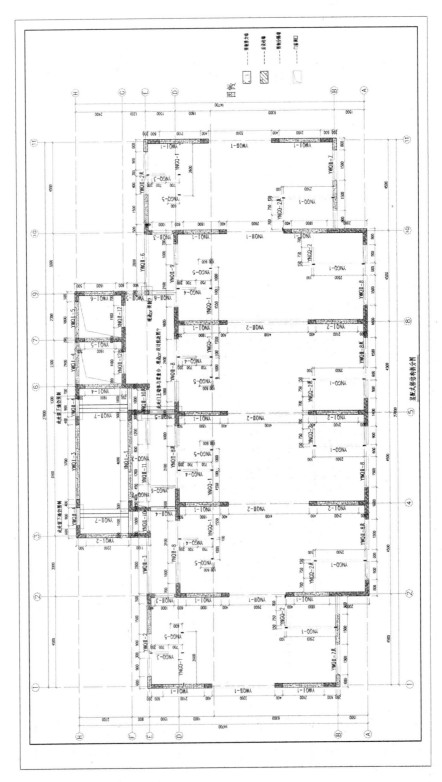

图 8-70　深化设计图

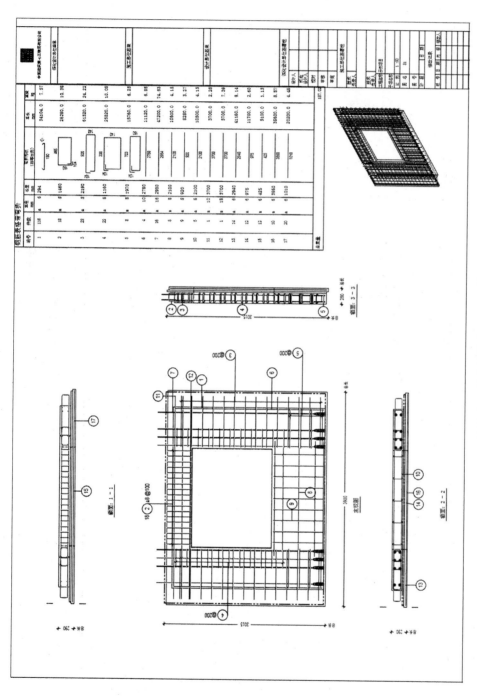

图 8-71　剪力墙构件预制深化图

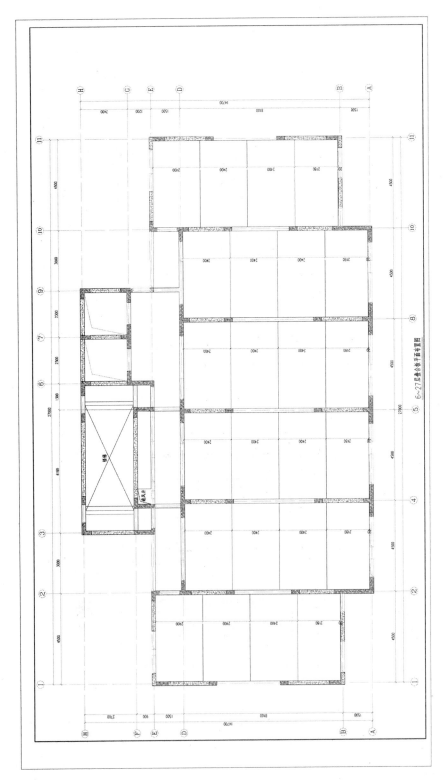

图 8-72 叠合板预制及现浇节点拆分和构件编号平面

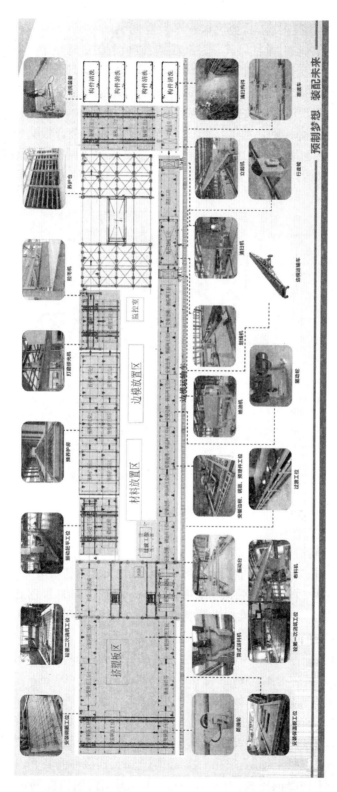

图 8-73 生产车间整体平面布局

2.钢筋加工方案

本项目钢筋加工主要内容为:剪力墙水平及竖向钢筋加工;叠合楼板钢筋焊接网片加工;叠合楼板钢筋桁架加工;梁柱纵筋、箍筋、拉钩;楼板上层负弯矩钢筋等。

(1)剪力墙水平及竖向钢筋加工:剪力墙水平及竖向分布环形钢筋加工主要通过钢筋截断、调直机与钢筋弯曲成型机进行,钢筋的连接方式为搭接连接。钢筋弯曲成型后,应复核相应尺寸和规格,标识清楚后放置堆放架上堆放整齐。

(2)叠合楼板钢筋焊接网片加工:钢筋焊接网片主要用于叠合板受力钢筋,焊接网全部采用电阻焊。钢筋焊接网交叉点开焊数量不应超过整张焊接网交叉点总数的1%,焊接网最外侧钢筋上的交叉焊点不应开焊,焊接网表面不应有影响使用的缺陷,钢筋焊接网片如图 8-74 所示。

图 8-74　钢筋焊接网片成品

(3)叠合楼板钢筋桁架加工:钢筋桁架主要用于叠合楼板。本项目设计桁架高度为 85 mm,宽度为 150 mm,桁架筋长度同叠合板跨度。桁架加工采用自动桁架焊接进行,桁架腹杆钢筋采用直径 4 mm 冷拔丝,上下弦钢筋采用直径 8 mm 的 HRB400 级钢筋,如图 8-75 所示。

(4)其他钢筋加工主要包括梁柱纵筋、箍筋、拉钩等,与传统钢筋加工工艺相同。

3.叠合楼板预制生产方案

本项目叠合楼板总厚度为 140 mm,其中在工厂预制 60 mm,现场现浇 80 mm,叠合板主要跨度为 4 320 mm,宽度为 1 800 mm、2 000 mm、2 100 mm、2 400 mm 等。

预制叠合楼板生产工艺流程如图 8-76 所示。

4.内墙预制施工方案

预制内墙板分为预制剪力墙板和预制填充墙板,预制剪力墙板采用普通混凝土预制;预制填充墙板采用陶粒混凝土预制,采用一次成型工艺时,连接件安装和内叶墙板混凝土浇筑应在外叶墙板混凝土初凝前完成,且不宜超过 2 h。预制内墙板配筋示意图如 8-77 所示。预制内墙板生产工艺流程如图 8-78 所示。

图 8-75　钢筋桁架成品

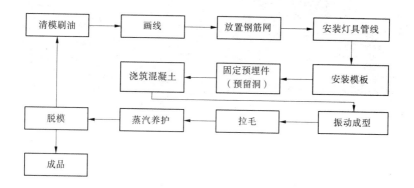

图 8-76　预制叠合楼板生产工艺流程

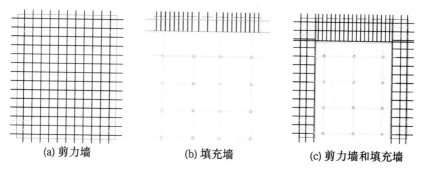

(a) 剪力墙　　　　　　(b) 填充墙　　　　　(c) 剪力墙和填充墙

图 8-77　预制内墙板配筋示意图

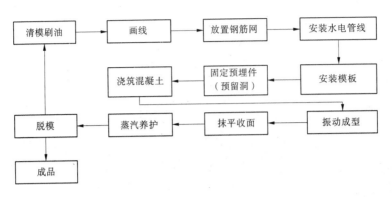

图 8-78　预制内墙板生产工艺流程

5.夹心保温外墙预制方案

　　预制外墙板分为三层,从内向外依次为结构层、保温层和面层。剪力墙外墙板结构层浇筑普通混凝土,先浇筑外叶墙板混凝土,再铺装保温板、安装连接件,最后浇筑内叶墙板混凝土,如图 8-79 所示。预制外墙板生产工艺流程图如 8-80 所示。

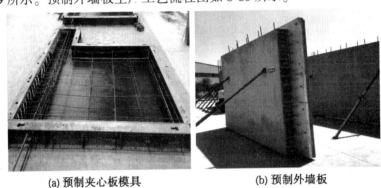

(a) 预制夹心板模具　　　　　　(b) 预制外墙板

图 8-79　预制夹心外墙

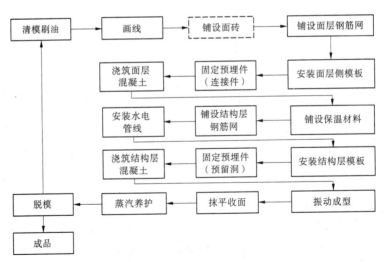

图 8-80　预制外墙板生产工艺流程

6.预制楼梯生产方案

楼梯模板采用专用钢模板,模板主要由踏步模板、底板模板、端模板和模台组成,楼梯模板及成品如图 8-81 所示,预制楼梯梯段生产工艺流程如图 8-82 所示。

图 8-81　楼梯模板及成品

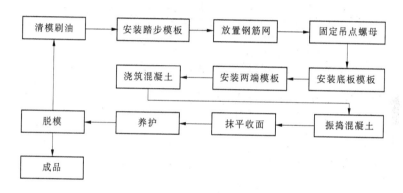

图 8-82　预制楼梯梯段生产工艺流程

8.3.2.4　施工工艺流程

1.施工工艺

本工程采用全预制装配整体式混凝土剪力墙体系,依照构件拆分及连接节点构造确定本工程预制结构施工工艺流程如图 8-83 所示,在完成下层预制构件吊装及现浇节点、叠合层混凝土浇筑后,再向上施工上一层结构。

2.施工关键点

(1)平面定位、轴线控制,墙体安装平整度、垂直度及墙体位置控制。

(2)现浇节点部位铝模板支设及混凝土浇筑。

(3)楼板采用叠合楼板,60 mm 预制,80 mm 现浇,现浇厚度较薄,养护不到位易产生裂缝,因此混凝土浇筑及养护为本工程重点。

(4)钢筋套筒灌浆连接质量是保证上下墙体结构整体性的重要措施之一,但目前尚没有套筒灌浆作业质量检测方法,因此对灌浆料质量及强度、灌浆料的制作工艺、灌浆饱满度、灌浆作业过程提出了很高的要求,并要对灌浆作业全过程进行跟踪记录,因此灌浆作业是本工程的重点之一。

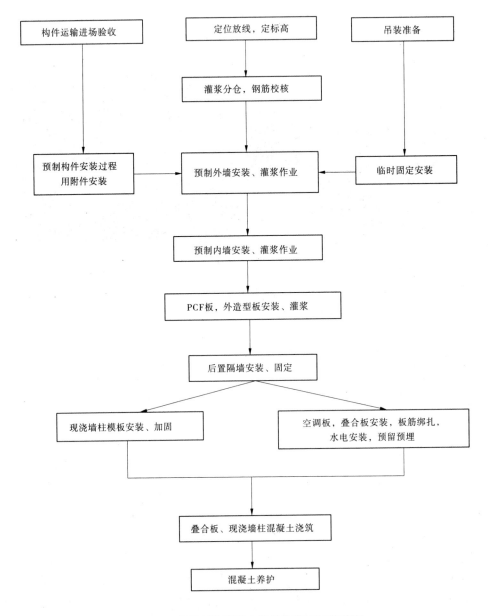

图 8-83 全预制装配剪力墙结构施工工艺流程

（5）预制墙体安装后的临时固定、构件安装的误差控制（主要体现在墙板的平面偏差、标高偏差和垂直度偏差的控制与调节）、现浇连接节点部位钢筋绑扎及合理化的施工作业顺序也需要重点把控。

（6）外造型安装、定位、连接及保证外立面整体效果同样是本工程的重点。

3.结构安装

1）墙体安装

吊装工艺流程：挂钩、检查构件水平→安装、就位→调整固定→取钩。

（1）利用外附着式塔吊进行预制剪力墙垂直运输，剪力墙构件通过吊具起吊平稳后再匀速转动吊臂,靠近建筑物后由信号工指挥塔吊缓慢地将构件吊装至需要安装位置,然后缓慢降落。

（2）当剪力墙下落至作业层上方 600 mm 左右时,停止下降,调整墙体位置,检查墙体方向是否正确,无误后方可缓慢降落。下落过程安装人员扶持缓缓下降墙板,使上层墙板下部套筒与下层墙板上部钢筋对正,如图 8-84 所示。

（3）吊装工人按照墙体定位线将墙板落在初步安装位置。墙体落到位后进行临时固定,然后对墙体的垂直度、平整度进行调整。平面位置的调节主要是墙板在平面上左右位置的调节,平面位置误差不得超过 2 mm。

（a）剪力墙垂直度调整　　　　　　　　（b）安装完成示意图

图 8-84　剪力墙安装

2）楼梯吊装

楼梯吊装流程如图 8-85 所示。

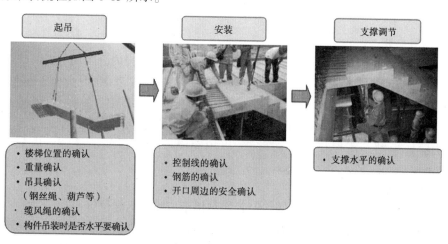

图 8-85　楼梯吊装流程

（1）根据施工图纸,弹出楼梯安装控制线,对控制线及标高进行复核。

（2）在楼梯段上下口梯梁处铺 10 mm 厚水泥砂浆坐浆找平,找平层灰饼标高要控制准确。

（3）预制楼梯板采用水平吊装,用专用吊环与楼梯板预埋吊装螺杆连接,确认牢固后方可继续缓慢起吊,待楼梯板吊装至作业面略作停顿,根据楼梯板方向调整,就位时要求缓慢。

楼梯板基本就位后,根据控制线,利用撬棍微调、校正。

3)叠合板吊装

(1)叠合板吊装时设置4~6个吊装点,吊装点利用板内预埋吊环或钢筋桁架上腹筋及腰筋焊接点,吊点在顶部合理对称布置,利用四边形型钢自平衡吊装架。

(2)叠合板吊装过程中,在作业层上空300 mm处略作停顿,根据叠合板位置调整叠合板方向进行定位。

(3)叠合板放置到临时支撑三脚架上并伸到墙体内不小于10 mm,叠合板与叠合板之间采用密拼方式连接,中间不留缝隙。叠合板支撑采用可调节式三脚架加独立支撑的方式,与墙体采用螺栓固定。叠合板吊装如图8-86所示。

(a) 安装位置调整　　　　　　　　　(b) 竖向支撑示意

图 8-86　叠合板吊装

4.内隔墙安装

13#楼内隔墙主要指卫生间及厨房100 mm厚内隔墙,为户内分隔墙。

(1)内外墙吊装施工完成后,安装卫生间及厨房内隔墙。安装前应在板上弹出内隔墙边线,根据墙体编号依次安装。

(2)隔墙吊装前应测定标高,根据测量结果在底部放置调节标高用垫片。安装内隔墙前在内隔墙底部铺一定厚度的水泥砂浆,以填充隔墙与楼板间的缝隙。内隔墙安装如图8-87所示。

5.空调板安装

按照预制剪力墙安装工艺,空调板设置在与楼承板相同标高位置,与上下层剪力墙及同层楼板叠合板形成水平十字接头构造,空调板上叠合层需要与楼板叠合层同时浇筑,并将预留锚固钢筋锚固在现浇暗梁内。因此,空调板必须在上层剪力墙吊装前就位,现场安装+2.9 m空调板时采用落地脚手架支撑方式,待+2.9 m层安装完毕后,在依次向上原位搭设脚手架或安装两个三脚架用于空调板支撑,下侧脚手架或三脚架在现场浇筑达到拆除模架条件时进行拆除,上层支架依靠下侧空调板自身强度支撑。

6.节点施工

(1)每片墙体就位完成后,应及时对墙板缝隙进行封堵。封堵时,里面加衬(内衬材料可以是软管、PVC管,也可用钢板),如图8-88所示。一段抹完后抽出内衬进行下一段填抹,段与段结合的部位、同一构件或同一仓要保证填抹密实。

图 8-87　内隔墙安装

(a) 楼板缝隙

(b) 堵缝作业

图 8-88　墙板堵缝作业

（2）灌浆套筒施工。用灌浆泵（枪）从接头下方的灌浆孔处向套筒内压力灌浆。同一仓只能在一个灌浆孔灌浆，不能同时选择两个以上孔灌浆；同一仓应连续灌浆，不得中途停顿。接头灌浆时，待接头上方的排浆孔流出浆料后，及时用专用橡胶塞封堵。灌浆泵（枪）口撤离灌浆孔时，也应立即封堵。套筒灌浆作业如图 8-89 所示。

图 8-89　套筒灌浆作业

（3）本工程竖向现浇节点与叠合板现浇混凝土同时浇筑施工。竖向现浇节点主要有一字形、T形、L形、十字形四种,如图8-90所示。

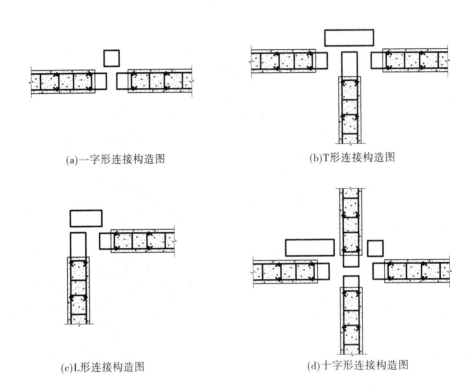

（a）一字形连接构造图　　　　　　　　　　（b）T形连接构造图

（c）L形连接构造图　　　　　　　　　　（d）十字形连接构造图

图8-90　竖向节点构造图

（4）叠合板钢筋绑扎。待机电管线铺设、连接完成后,根据在叠合板上方钢筋间距控制线进行钢筋绑扎,保证钢筋搭接和间距符合设计要求,如图8-91所示。

图8-91　叠合板钢筋绑扎

8.3.3　总结

8.3.3.1　工程质量

（1）该项目所有预制构件均采用自动化流水线生产，可有效控制构件尺寸、表面平整度及混凝土浇筑质量，构件养护在高温养护仓内完成，有效避免了现浇结构的质量通病。装配式建筑施工完成后墙面无须抹灰，可以有效杜绝墙体开裂、空鼓等常见质量问题。

（2）外墙板采用预制夹芯保温外墙板，从内向外依次为结构层、保温层和保护层，实现了外墙结构与保温一体化，既可满足外墙节能保温要求，又能提高外墙保温的耐久性，达到保温与结构同等寿命的效果，免去传统外保温 25 年翻修的难题。

8.3.3.2　实施情况

（1）缩短工期：项目部管理人员多次组织专题会讨论施工方案，积极总结经验教训，目前项目已从 5 层顺利施工至 12 层，已完成建筑面积约 2 768 m²、预制构件吊装 1 224 余个，施工速度已逐步稳定到 7 d 施工完成 1 层，基本满足了工程进度的要求，相比于传统现浇施工模式，采用装配式施工，同样建筑面积现场用工量可减少约 60%，可缩短建设总工期 1/4。

（2）节约资源：采用装配式结构施工完成后墙体不需要抹灰，可直接涂刷墙面装饰材料，增加约 3% 的建筑使用面积。施工现场无须设置专门的加工场地，只需要存放少量的周转料具。叠合板的使用可以简化支撑体系，省去了大量的模板支撑架。据统计，该项目可以减少脚手架和模板用量 50% 以上，因此可以节省大量的材料存放场地。

（3）绿色施工：装配式建筑颠覆了传统的施工模式，现场不需要大面积浇筑混凝土，不需要砌筑二次结构，减少了大量的现场湿作业，从而减少了现场对水资源的消耗。并采用铝模板施工，现场不产生建筑垃圾，施工更安全，施工现场整洁，不会像使用木模板那样产生大量的建筑垃圾，完全达到绿色建筑施工标准。

（4）人才培养：要实现推广装配式建筑的行动计划，关键在于培养掌握现场施工技能的从业人员。项目部管理人员通过前期的工作，丰富了的理论知识和现场经验，培养出了一批具有实践经验的建筑工业化人才，并在公司相关项目的施工作业中发挥了重要作用。

8.3.3.3　节约人工

该项目单层建筑面积约 345 m²，所有构件采用工厂化预制，现场吊装施工，机械化程度高，构件吊装只需几个安装人员即可，单层施工作业人员共计 18 人。装配式现场施工主要内容为墙体吊装、叠合板吊装、现浇节点钢筋绑扎、现浇部位模板安装固定，且墙体及叠合板吊装主要依靠塔吊，现场需要人工作业内容大幅度减少，大量复杂的工序在工厂完成，因此能够大大提高施工现场工人的作业效率，总体建造效率提高约 50%。

8.3.3.4　社会效益

作为中原地区具有示范意义的装配式住宅项目，观湖国际（二期）13#楼得到了社会各界的高度关注。项目实施过程中不断有政府相关部门、业内同行及高等院校人员莅临项目检查、指导、交流和学习，取得了良好的社会效益。开工以来，住房和城乡建设部领导及专家、河南省建设厅、郑州市建委、各地市相关管理部门领导、业内专家、房地产开发商以及施工单位等多次莅临项目参观交流，为中建七局装配式建筑产业化创造了较好的社会影响力，为河南省全面推进装配式建筑的快速发展奠定了坚实的基础。

8.4 深港新城项目

8.4.1 工程概况

深港新城一期工程,总用地面积 37 824.12 m²,总建筑面积 80 665.6 m²,由 2 栋 17 层、4 栋 15 层的住宅及 3 栋设备用房组成。其中,住宅体系为装配式混凝土结构,采用工业化的建造方式进行施工。

工程的主体结构设计为:装配式混凝土剪力墙结构,预制构件之间通过现浇混凝土及套筒灌浆连接形成统一整体。

主体结构采用的预制构件有预制外墙、预制隔墙、预制内墙、预制叠合梁、预制叠合板、预制叠合阳台、全预制楼梯、PCF 板、空调板共计 9 大类,内隔墙采用精确砂加气砌块,局部采用轻质条板隔墙。

室外工程采用的预制构件主要有预制轻载道路板、预制重载道路板、装配式围墙。

当前工业化住宅设计中主要构件基本在工程中得以应用,结构预制率约 53%,装配率约 78%。

8.4.2 技术要点

通过标准化设计、工厂化生产、装配化施工、一体化装修和信息化管理,达到工期、质量、安全及成本总体受控的目的。

8.4.2.1 施工图标准化设计

施工图设计需考虑工业化建筑进行标准化设计,标准化的模数、标准化的构配件通过合理的节点连接进行模块组装,最后形成多样化及个性化的建筑整体,如图 8-92 所示。

图 8-92 标准层平面图

8.4.2.2　构件拆分设计标准化

构件厂根据设计图纸(见图 8-93)进行预制构件的拆分设计,构件的拆分在保证结构安全的前提下,尽可能减少构件的种类,减少工厂模具的数量。本工程预制构件拆分标准化设计构件和模具数量如表 8-2 所示。

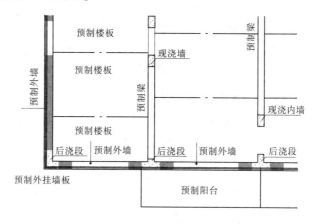

图 8-93　预制构件拆分设计图

表 8-2　预制构件拆分标准化设计构件和模具数量

构件类型	构件总量	模具数量
外墙板	4 018	13
内墙板	564	2
PCF 板	1 504	3
叠合梁	2 914	10
叠合板	7 568	15
叠合阳台	800	1
楼梯	188	2
空调板	500	2
合计	18 056	48

8.4.2.3　设计标准化

预制构件与预制构件、预制构件与现浇结构之间节点的设计,需参考国家规范图集并考虑现场施工的可操作性,保证施工质量,同时避免复杂连接节点造成现场施工困难。

1.预制外墙节点设计

(1)采用半灌浆套筒,预制墙板内钢筋通过机械连接与灌浆套筒进行连接,下层墙体外伸钢筋插入上层墙体套筒空腔内,后注入高强灌浆料进行锚固。

墙体外侧采用弹性防水密封胶条进行封堵,防止注浆料从外侧渗漏,同时可保证上下层墙体之间保温的连续性。预制外墙套筒连接区竖向节点大样如图 8-94 所示。

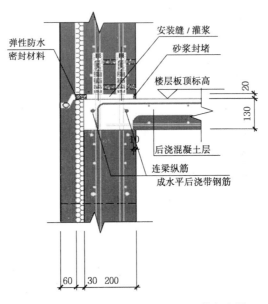

图 8-94 预制外墙套筒连接区竖向节点大样

（2）非套筒区域直接通过注入高强灌浆料连接，现浇板面筋伸入预制外墙进行弯折锚固。墙体顶部设计一形箍帽保证墙体竖向钢筋的连续。预制外墙非套筒连接区竖向节点大样如图 8-95 所示。

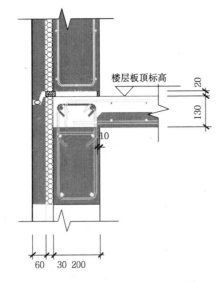

图 8-95 预制外墙非套筒连接区竖向节点大样

（3）预制外墙板墙体一侧预留钢筋为开口箍，出筋长度为 180 mm。

后浇段内墙体箍筋为分离式箍筋，便于后浇段区域箍筋的绑扎。预制墙体水平后浇段节点大样如图 8-96 所示。

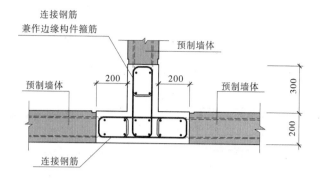

图 8-96　预制墙体水平后浇段节点大样

2.PCF 板加固节点设计

PCF 板与混凝土后浇段通过保温拉结件黏结连接,PCF 板与两侧预制外墙连接通过设置 L 形连接角铁,角铁型号为 140 mm×10 mm,长 100 mm。

转角 PCF 板安装时通过角铁进行初步的固定,保证 PCF 板与相邻两侧外墙之间的平整度及拼缝。L 形 PCF 板加固节点如图 8-97 所示。

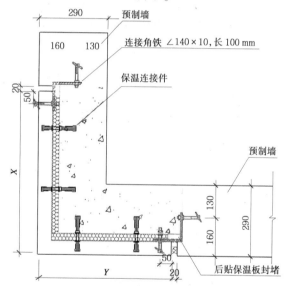

图 8-97　L 形 PCF 板加固节点

3.叠合板连接设计

叠合板与端支座之间水平方向设计搭接 10 mm,墙体可对叠合板起到部分支撑作用,同时可以防止漏浆。叠合板端节点构造如图 8-98 所示。

叠合板与叠合板拼缝处预留 120 mm 宽、5 mm 厚的凹槽,通过此凹槽预留因楼板标高控制偏差或楼板厚度偏差引起的错台问题,后期装修时在凹槽内铺设网格布作为加强措施进行装饰面的施工,保证楼板的整体平整度。叠合板与叠合板拼缝节点处理如图 8-99 所示。

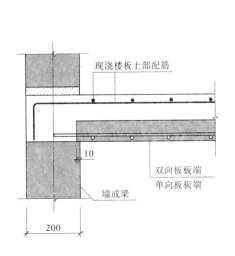

图 8-98　叠合板端节点构造

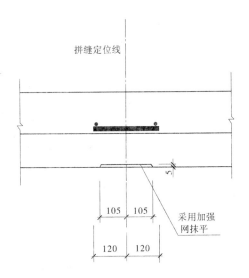

图 8-99　叠合板与叠合板拼缝节点处理

4.阳台、空调板节点设计

阳台及空调板为悬挑结构,与楼板连接采用甩筋方式连接。预制阳台上部钢筋伸入楼面现浇板,与面筋绑扎连接。预制阳台与预制外墙内叶板搭接 10 mm。阳台、空调板连接节点大样如图 8-100 所示。

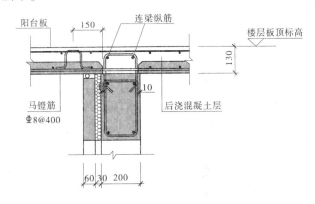

图 8-100　阳台、空调板连接节点大样

5.预制楼梯节点设计

固定铰施工详图和滑动铰施工详图分别如图 8-101 和图 8-102 所示。

6.门窗部位节点设计

预制外墙门洞左右两侧及上部设置防腐木砖,用于门的固定,在底部设置一道加强钢加强墙体的整体刚度,保证墙体吊装过程中不因墙体自重发生损坏。

在窗洞上下口(见图 8-103 和图 8-104)和侧边(见图 8-105)都设置企口、防腐木,防腐木尺寸为 100 mm×60 mm×50 mm,内穿锚筋一端锚固入内叶墙、一端锚固入外叶墙,50 mm 厚的防腐木入外叶墙 15 mm、入内叶墙 5 mm。

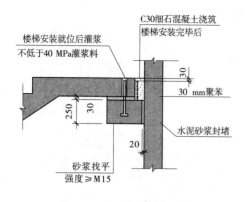

图 8-101　固定铰施工详图

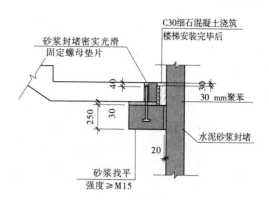

图 8-102　滑动铰施工详图

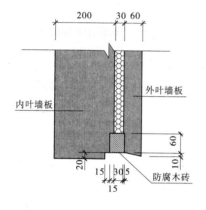

图 8-103　窗洞上口滴水详图

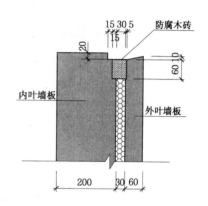

图 8-104　窗洞下口滴水详图

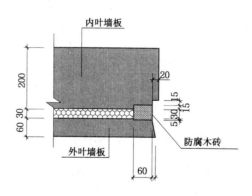

图 8-105　窗洞口侧边细部构造

　　窗框固定在防腐木上,窗框与预制构件之间的缝隙用发泡剂填充,并用硅酮耐候密封胶封堵,窗户四边留有 20 mm 企口。窗框缝处理如图 8-106 所示。

　　7.预留洞口节点设计。

　　外挂架预留孔采用喇叭口形,其中内叶墙内侧面、内叶墙外侧面、外叶墙外侧面处孔径分别为 30 mm、40 mm、60 mm。预留挂架洞口做法如图 8-107 所示。

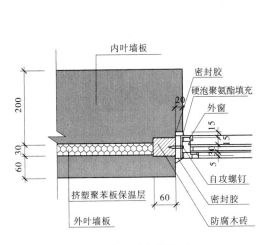

图 8-106　窗框缝处理

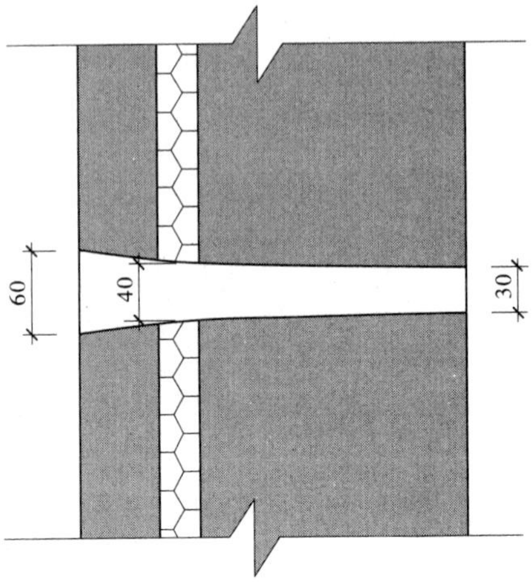

图 8-107　预留挂架洞口做法

　　在预制外墙板上预留向下倾斜的洞口。空调孔洞需预留在预制墙板中,预制外墙及保温板部位 *DN*75 PVC 直接头提前在预制构件预埋,后浇墙板 *DN*75 PVC 管在现场后连接。预留空调洞口做法如图 8-108 所示。

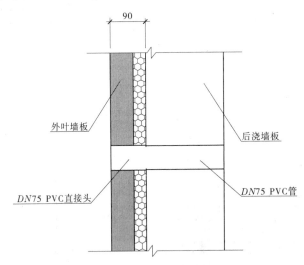

图 8-108　预留空调洞口做法

　　8.预制外墙拼缝处节点处理

　　外墙从内至外依次为现浇混凝土、挤塑聚苯板保温层、混凝土外叶板、聚乙烯泡沫塑料棒、建筑耐候密封胶,保温层之间选用弹性防水密封材料封堵。

　　聚乙烯泡沫塑料棒,塞入指定深度,保证建筑耐火密封胶打入一定深度,起到密封作用。预制外墙水平缝节点处理如图 8-109 所示。

　　外墙由内至外依次为现浇混凝土、岩棉封堵、防水空腔、聚乙烯泡沫塑料棒、建筑耐候密封胶。预制外墙垂直缝节点处理如图 8-110 所示。

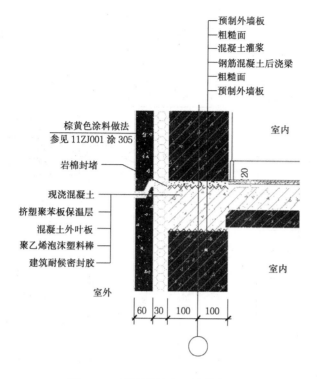

图 8-109　预制外墙水平缝节点处理

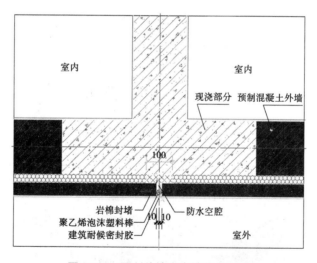

图 8-110　预制外墙垂直缝节点处理

8.4.2.4　装配式施工工艺

1.预制墙体安装控制要点

本项目施工工艺见图 8-111。

需将预制外墙的吊装控制线和预制外墙的定位边线弹出(见图 8-112),方便吊装时工人的操作和七字码的提前安装。

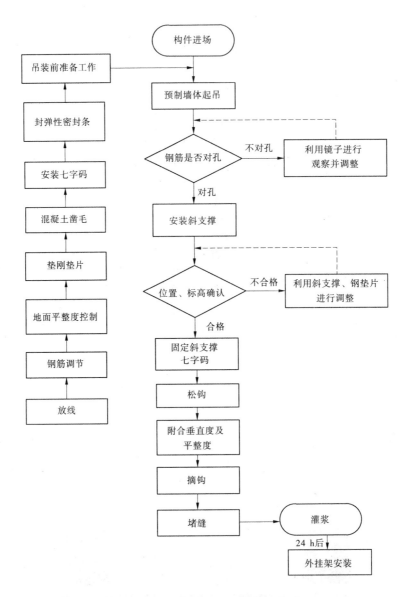

图 8-111　预制墙体安装施工工艺

图 8-112　预制外墙吊装控制线和定位边线

根据结构设计图和深化设计图制作钢筋定位卡具,使用卡具对预留钢筋进行初步对孔调节,如图 8-113 和图 8-114 所示。

图 8-113　制作钢筋定位卡具

图 8-114　使用卡具对预留钢筋进行初步对孔调节

沿着预制外墙的内边线安装固定七字码(见图 8-115),方便引导预制外墙的落位。

使用弹性密封胶条对灌浆区域进行分仓,为后期灌浆做准备,如图 8-116 所示。

预制外墙落位时,使用镜子观察预留钢筋是否与灌浆套筒对孔,吊装工人不得直接将肢体深入预制外墙底端调节预留钢筋,如图 8-117 所示。

图 8-115　安装固定七字码

图 8-116　灌浆区域分仓

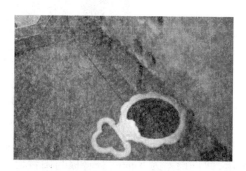

图 8-117　使用镜子观察

预制外墙落位后,安装斜支撑(见图 8-118)。通过斜支撑调节预制外墙的垂直度,预制墙体垂直度调整完成后固定斜支撑,斜支撑固定完成后摘除吊钩。

提前确定对斜撑地面的固定点,与吊装工人及安装工人交底,避免斜撑螺栓与楼面内的管线冲突。

预制外墙固定完毕后,立刻由灌浆工人对灌浆区域墙体内侧采用封堵(见图 8-119),确保在灌浆前封堵砂浆达到设计强度等级,同时避免对灌浆区域造成污染。

图 8-118　安装斜支撑

图 8-119　封堵灌浆区域墙体内侧

2.叠合梁、板安装控制要点

叠合梁、板采用独立固定支撑作为临时固定措施,独立固定支撑包括竖向独立支撑杆、三角撑、顶托及 100 mm×100 mm 木方,如图 8-120 所示。

测量部门将控制轴线引出后,由各楼栋的劳务队将叠合梁板的边线、吊装控制线和标高控制线弹出,方便叠合梁板的吊装。同时使用水准仪复核独立固定支撑上木方的顶标高(叠合梁板的底侧标高),并对独立固定支撑进行调节。

图 8-120　竖向独立支撑杆

3.预制阳台安装控制要点

当预制阳台板吊装至作业面上空 500 mm 时,减缓降落,由专业操作工人稳住预制阳台板,根据预制阳台定位控制线,引导预制阳台板降落至独立支撑上,通过撬棍(撬棍配合垫木使用,避免损坏板边角)调节预制阳台板水平位移,确保预制阳台满足设计图纸水平分布要求,允许误差为 5 mm,叠合板与阳台板平整度误差为±5 mm。水平定位复核完毕后,通过水准仪复核预制阳台标高,同时调节竖向独立支撑,确保预制阳台板满足设计标高要求,允许误差为±5 mm。待预制阳台板定位完成后,摘除吊钩,如图 8-121 所示。

在预制阳台吊装的过程中,使用水平尺放置在预制阳台的反坎顶部,通过水平气泡来观测预制阳台是否水平(见图 8-122),通过同步调节底部支撑对预制阳台的平整度进行调节。

图 8-121　预制阳台板定位

图 8-122　预制阳台水平检测

4.预制楼梯安装控制要点

预制楼梯吊装时,由于楼梯自身抗弯刚度能够满足吊运要求,故预制楼梯采用常规方式吊运,即吊索(钢丝绳)+吊钩。为了保证预制楼梯准确安装就位,需控制楼梯两端吊索长度,确保楼梯两端部同时降落至梯梁上,如图 8-123 所示。

预制楼梯吊装完毕后,直接对永久栏杆进行安装,作为楼梯的临边防护,并做好楼梯和永久栏杆的成品保护,如图 8-124 所示。

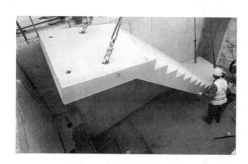

图 8-123　预制楼梯吊装

图 8-124　楼梯临边防护及成品保护

8.4.3　项目总结

8.4.3.1　深化设计阶段

深化设计阶段主要存在的问题是总承包单位对构件上涉及的相关专业单位的需求了解不足及专业分包的深化设计介入时间偏晚、未用 BIM 软件对构件上的所有预留预埋结合施工措施进行模拟吊装,导致现场施工过程中各类预留预埋遗漏、预埋错误、预埋冲突等问题频发,主要体现在以下方面。

1.阳台、楼梯栏杆的埋件

栏杆的埋件定位及预留形式与栏杆单位的需求及规范要求不符,前期栏杆安装无法使用定位埋件。

建议:熟悉相关规范,按照规范要求进行预留预埋,或提前对栏杆单位进行招标,由栏杆专业分包提前提出预埋需求,总包单位统一协调。

2.预制阳台落水管套筒

落水管穿阳台处在预制阳台设计为预留洞口,后期进行吊模封堵,存在渗水隐患。

建议:构件厂在预制阳台生产过程中预留套管。

3.铝模加固螺栓、挂架孔冲突

铝模孔与挂架孔距离较近,导致挂架与铝模外墙背楞无法同时安装。

建议:因铝模预埋螺栓及挂架孔需避开预制外墙中的钢筋,设计过程仅由施工单位提出需求,构件厂可能无法满足构件生产需求,构件厂进行深化设计后由总包单位进行审核确认,并采用 BIM 进行模拟安装,确认无误。

4.室内电梯门洞口深化设计

室内电梯门洞口结构尺寸为 2 100 mm×1 100 mm,电梯门尺寸为 2 000 mm×900 mm,导致室内电梯门后期装修时需大量收口工作。

建议:项目开工时即进行室内电梯门的招标工作,室内电梯提前进场参与项目的深化设计。电梯厂家默认电梯安装完成后存在 5 cm 的收口,总包单位需提前将要求告知电梯厂家,建议结构洞口预留大于施工电梯门尺寸 1 cm 左右进行预留,同时与劳务队伍进行交底,控制洞口的尺寸。

5.室内门窗深化设计

问题:

(1)室内部分门安装上口与梁底之间存在 10 cm 左右缝隙,需做过梁。

(2)砌体部分预留加强小砖或混凝土块,门窗安装单位未使用。

(3)门窗固定采用两侧固定片的形式进行固定,后期需进行抹灰收边。

建议:

(1)铝模深化设计过程中按照门窗尺寸进行深化设计,将过梁一次性现浇。

(2)熟悉门窗固定的规范要求,按照要求排布小砖。

(3)在门框或窗框中间采用自攻螺钉的形式进行固定,施工过程门窗洞口尺寸预留精确,避免收边问题。

6.机电管线的深化设计

问题：

（1）前期预制外墙手孔预留在楼面，导致楼板管线与墙体管线难以接驳，后期存在大量剔凿后接驳。

（2）楼板现浇层内管线存在三管重叠的问题，与叠合板桁架筋冲突，导致现浇 7 cm 无法完全覆盖管线，楼层标高控制困难。

建议：

（1）在预制墙体上预留手孔进行接驳。

（2）对楼层现浇板的管线布置进行深化设计，避免三管重叠问题，若不可避免，可通过设计减小管径，或在叠合板的深化设计中对管线位置提前进行压槽，最下排的管线在压槽中布置。

8.4.3.2　构件生产阶段

构件生产阶段主要内容为预制构件进场的协调组织与预制构件的验收。

1.构件的生产计划及调整

总包单位需提前一个月将主体结构施工计划提交至构件厂，构件厂按照计划进行构件的生产。

建议：构件厂生产需提前，同一种类构件储存 3~4 层，避免构件出现质量问题而无构件可更换耽误现场工期的问题。

2.沟通机制

目前采用的是短信、微信或 QQ 群及预制构件进场供货单的形式与构件厂及物流公司进行沟通，协调预制构件的进场，预制构件信息管理系统（PCIS）在施工现场未使用。

采用此种形式主要存在以下问题：构件进场的组织混乱，信息传递途径过多，可能存在预制构件进场编号错误，预制构件进场前未经过验收，预制构件进场时间滞后等，影响现场的工期。

建议：

（1）总包单位提前确定预制构件的安装顺序，对劳务队伍及构件厂进行交底，现场严格按照吊装顺序进行预制构件的进场。

（2）继续研发预制构件信息管理系统，对物流公司及施工单位提供端口，对构件的全生命周期进行管理，通过信息系统的构件从生产、质量验收、出库、到达现场、现场安装完成等各个环节进行动态显示，施工单位通过构件管理系统提交构件进场的编号及时间要求。

8.4.3.3　预制构件的支撑体系

1.预制墙体

支撑体系选用单根斜支撑与七字码相结合的形式进行支撑，支撑体系的上口通过构件上预埋的螺栓进行固定，下口采用膨胀螺栓固定在楼板上。一般墙体采用两套斜撑及七字码进行固定，较长墙体需 3 套或以上进行固定。

采用此种固定方式主要存在以下问题：

（1）七字码使用麻烦，项目后期主体结构施工过程中七字码基本未使用，主要由于部分七字码的定位与注浆孔冲突且墙体采用七字码固定后在后续注浆过程中需将七字码拆除后进行注浆封堵，注浆完成后将砂浆剔凿后重新安装，过程十分烦琐。

建议:取消七字码的使用,在满足支撑体系安全计算的前提下采用单根斜撑进行支撑。

(2)支撑体系在楼板上采用膨胀螺栓的形式固定,主要优点为加固较快,成本低,但存在以下问题:

①固定时受楼板混凝土强度影响较大,冬季温度较低时,影响工期。

②膨胀螺栓极易将楼板打穿,造成质量问题。

③膨胀螺栓的定位点与楼板现浇层内的管线易发生冲突,需在施工之前提前将点位进行布置,同时对主体结构施工队伍及安装队伍交底,主体结构施工队伍严格按照点位进行膨胀螺栓的固定,安装队伍在管线安装时提前策划避开膨胀螺栓固定点。

建议:①提前策划在叠合板生产时预埋斜撑及七字码下口固定用车丝钢筋头,解决上述三个问题,但需要构件厂进场配合。

②在现浇层内预埋钢板并焊接车丝钢筋头。

2.叠合板支撑体系

叠合板支撑采用可调独立支撑、三角撑、支撑横梁组成,实施过程中需注意以下事项:

(1)三角撑每栋楼配置一套进行周转使用,独立支撑的三角撑后期基本未使用,三角撑可独立采购,建议取消。

(2)独立支撑的定位间距需提前进场策划,首先要满足独立支撑及叠合板安全计算的需求,同时定位需避开构件斜支撑及铝模斜撑。

(3)本工程支撑横梁采用的是 2 根 50 mm×100 mm 的木枋拼接而成的 100 mm×100 mm 的木枋,另外有成品 100 mm×100 mm 的木枋及金属横梁可供采购。

(4)同一块叠合板下尽量布置 4 根单支顶进行支撑,支撑横梁的长度需提前根据单支顶的间距进行详细策划,支撑横梁下需由两个独立支撑进行回顶,避免出现一根横梁一个单支顶的情况。

3.叠合梁支撑体系

叠合梁支撑体系与叠合板类似,因本项目叠合梁放置于两侧的现浇墙体之间,长度较小的叠合梁可直接搁置在现浇墙体的铝模小背楞上,底部不需要加支撑,若长度较长,需在叠合梁底部加独立支撑及支撑小木枋进行回顶。

因叠合梁端头两侧为水洗面,叠合梁长度一般为负误差,叠合梁两侧端头不能完全嵌入现浇墙体的铝模中,会产生侧翻及漏浆的问题,项目采用在叠合梁就位后,在现浇墙铝模上增加左右两侧配件,通过销钉销片与现浇墙铝模小背楞连接,避免产生侧翻及漏浆问题。

4.预制楼梯支撑体系

项目采用的是全预制楼梯,包含预制梯梁及休息平台与梯段板整体预制的楼梯板,预制梯梁与两侧预制墙体的后浇段通过钢筋锚固固定。

预制楼梯支撑时,通过单支顶支撑预制梯梁,楼梯板固定在预制梯梁上。

5.预制阳台支撑体系

预制阳台采用 4 根独立支撑体系进行固定,需要注意:预制阳台吊装时阳台靠近外墙且仅靠独立支撑体系进行固定,阳台的重心需向楼层内轻微倾斜,要求靠近外侧的两根独立支撑略高于内侧的独立支撑,同时可将预制阳台的预留钢筋与预制墙体上的预留钢筋进行焊接作为加强措施。

阳台为悬挑构件,独立支撑体系较叠合板支撑体系需多套配置,满足混凝土强度达到

100%时独立支撑体系拆除的要求。

6.PCF 板支撑体系

PCF 板安装过程中在 PCF 板及两侧的预留墙体上预埋螺母,通过 L 形角铁上预留长圆孔通过螺栓进行临时固定,两侧各两个,需要注意在相邻两侧外墙后浇段内钢筋绑扎之前进行固定,否则角铁安装将十分困难。

7.空调板支撑体系

空调板支撑可根据空调板的定位及大小进行支撑,较小空调板若两侧有预制墙体,较大空调板或悬挑空调板底部应加独立支撑体系。

8.4.3.4　预制构件的吊装

1.预制构件的吊装顺序

预制构件的吊装顺序特别是预制外墙的吊装顺序需提前进行策划,先吊装边角的预制墙体作为基准定位控制预制墙体的累计误差,基准定位墙体调转完成后按顺序吊装其他预制外墙,便于后续工序的穿插。

2.预制墙体的吊装

预制墙体定位偏差较大,预制外墙之间拼缝大小不一,与设计 20 mm 偏差较大,预制外墙存在错台,门窗标高不统一。

原因分析:

(1)施工工艺问题:预制外墙定位以钢筋对套筒为准,墙体落位后,操作工人不做后续调整。

(2)墙体定位以单面墙体为准,墙体落位后未综合相邻墙体定位情况进行拼缝调整。

(3)预制墙体本身偏差较大,预制构件进场验收未认真执行。

(4)墙体吊装之前未根据墙体本身尺寸偏差情况进行综合考虑。

(5)墙体下垫片未使用钢垫片,塑料垫片强度低,易发生变形。

(6)管理人员未及时旁站监督,过程三检制度未落实。

解决措施:

(1)要求构件厂出厂前根据墙体本身尺寸情况在墙体内侧弹轴线定位线,现场楼板上提前弹该轴线,现场按此定位线进行定位。

(2)做好预制构件的进场验收工作,墙体长度及外叶板外侧垂直度问题较大,墙体在构件厂处理完成之后进场。

(3)做好过程监督管理,预制墙体吊装完成后定位偏差较大处及时进行调整。

(4)责令墙体垫片采用钢垫片,垫片放置位置进行剔槽找平处理。

(5)研究辅助吊装措施,通过辅助工具控制墙体的定位。

(6)吊装之前提前测量楼面垫片处混凝土高度,预制构件吊装之前将现场所有墙体实际尺寸进行数据模拟,提前通过 BIM 进行预拼装模拟。

思考题

1.怎样保护构件预埋件?

2.装配式混凝土结构与传统的施工模式相比有哪些优点? 对推进绿色施工有何意义?

3.深化设计阶段主要存在的问题体现在哪些方面？如何解决？

4.查阅资料阐述新型工业化未来发展特征。

5.结合实例简述装配整体式结构特点，并考虑我国现阶段推行装配式混凝土结构会遇到哪些问题。

参 考 文 献

[1] 王召新.混凝土装配式住宅施工技术研究[D].北京:北京工业大学,2012.

[2] 吴越.装配式建筑施工技术探讨[J].江西建材,2016(11):105.

[3] 万冲.装配整体式住宅施工工艺技术研究[D].邯郸:河北工程大学,2013.

[4] 中华人民共和国住房和城乡建设部.装配式混凝土建筑技术标准:GB/T 51231—2016[S].北京:中国建筑工业出版社,2017.

[5] 中华人民共和国住房和城乡建设部.混凝土结构工程施工质量验收规范:GB 50204—2015[S].北京:中国建筑工业出版社,2015.

[6] 中华人民共和国住房和城乡建设部.混凝土结构工程施工规范:GB 50666—2011[S].北京:中国建筑工业出版社,2012.

[7] 中华人民共和国住房和城乡建设部.钢筋套筒灌浆连接应用技术规程:JGJ 355—2015[S].北京:中国建筑工业出版社,2015.

[8] 中华人民共和国住房和城乡建设部.装配式混凝土结构技术规程:JGJ 1—2014[S].北京:中国建筑工业出版社,2014.

[9] 张晓勇,孙晓阳,陈华,等.预制全装配式混凝土框架结构施工技术[J].施工技术,2012(02):77-80.

[10] 桓秀剑.装配式混凝土结构住宅的应用研究[D].荆州:长江大学,2016.

[11] 李迎迎,刘子赓,李娟.预制装配式混凝土结构施工技术及质量验收研究[J].住宅产业,2017(05):40-43.

[12] 程江浩,袁磊,文佳豪.预制装配式混凝土结构特点及施工技术研究[J].江西建材,2017(04):83.

[13] 杨立胜.住宅产业化PC预制构件技术应用研究[D].武汉:湖北工业大学,2013.

[14] 中华人民共和国住房和城乡建设部.建筑工程施工质量验收统一标准:GB 50300—2013[S].北京:中国建筑工业出版社,2014.

[15] 刘志峰.大力推进住宅产业现代化,走低碳发展之路[J].住宅产业,2011(11):19-22.

[16] 何关培,王轶群,应宇垦.BIM总论[M].北京:中国建筑工业出版社,2011.

[17] 张洋.基于BIM的建筑工程信息集成与管理[D].北京:清华大学,2009.

[18] 李长江.装配式混凝土结构施工200问[M].北京:中国电力出版社,2017.